星际信使

宇宙视角下的人类文明

Starry Messenger

Cosmic Perspectives on Civilization

〔美〕尼尔·德格拉斯·泰森（Neil deGrasse Tyson）著

高爽　译

中国出版集团
中 译 出 版 社

图书在版编目（CIP）数据

星际信使：宇宙视角下的人类文明/(美)尼尔·德格拉斯·泰森著；高爽译. --北京：中译出版社，2023.5

书名原文：STARRY MESSENGER
ISBN 978-7-5001-7295-6

I. ①星… II. ①尼… ②高… III. ①自然科学-普及读物 IV. ①N49

中国国家版本馆CIP数据核字（2023）第008925号

星际信使：宇宙视角下的人类文明
XINGJI XINSHI：YUZHOU SHIJIAO XIA DE RENLEI WENMING

出版发行：中译出版社
地　　址：北京市西城区普天德胜大厦主楼 4 层
电　　话：（010）68359101　（010）68357328
邮　　编：100088
电子邮箱：book@ctph.com.cn
网　　址：http://www.ctph.com.cn

出 版 人：乔卫兵
总 策 划：刘永淳
责任编辑：郭宇佳
策划编辑：郭宇佳　马雨晨　张　晴
文字编辑：马雨晨　邓　薇
营销编辑：张　晴　徐　也
封面设计：潘　峰
版权支持：马燕琦　王少甫　王立萌

排　　版：北京中文天地文化艺术有限公司
印　　刷：北京中科印刷有限公司
经　　销：新华书店

规　　格：880mm×1230mm　1/32
印　　张：10.75
字　　数：175千字
版　　次：2023年5月第1版
印　　次：2023年5月第1次印刷

ISBN 978-7-5001-7295-6　　**定价：**89.80元

献词

献给西里尔·德格拉斯·泰森，[1]

和所有其他希望看到世界本来面目，

而不是现在面目的人。

你会立即形成一种全球意识，一种以人为本的意识，一种对世界现状的强烈不满，以及一种为之做点什么的冲动。

从月球上看，国际政治看起来是如此微不足道。你想抓住一个政治家的脖子，把他拖到25万英里[1]之外，然后说:“看看这里吧，你这个蠢货。”

——埃德加·D.米切尔，阿波罗14号（Apollo 14）宇航员

① 英里，英美制长度单位，1英里等于5280英尺，合1.6093千米。——编者注

推荐序
宇宙视角高于一切

朱嘉明

经济学家，横琴数链数字金融研究院学术与技术委员会主席

当今社会，人类正日益被呈指数级增长的数据和信息控制与裹挟。与此同时，信息沟和数字鸿沟急剧拉大，数据和信息的非均衡和不对称造成了新的“二元社会”。于是，人们在如何认识“真理”的问题上，产生了分裂。所谓的“真理”在很大程度上不过是某个群体的“观点”，越来越多的人，厌倦了专家，将自认为真实的或希望真实的东西作为真理。正是在这样的背景下，本书的作者，天体物理学家尼尔·德格拉斯·泰森向读者灌输了一种宇宙观。这种观念依靠非人类中心主义和非地球中心主义而形成，基于两个科学基础认知：其一，仅靠人类的眼睛不足以揭示关于自然界运作的基本真理；其二，地球不是宇宙运动的中心，它只是绕着太阳运行的已知行星之

一。当我们将自己代入宇宙视角、以科学的方式来重新思考自己与他人、与地球、与宇宙的关系，就会发现宇宙并不是围绕着人类和人类的思想运行，而所有诸如战争、政治、宗教、真理、美、性别、种族等争议性话题，都是人类历史发展过程中的“人造战场”。

本书以科学与社会作为开场，以生命与死亡收尾。主体部分由 10 个章节组成，真与美、探索与发现、地球与月亮、冲突与解决方案、风险与回报、肉食主义者与素食主义者、性别与身份、颜色与种族、法律与秩序、身体与意识，每个章节都提供了关于双重主题的科学哲思。

尽管科学不能代替政治，但科学可以在知情的民主制度下，为民主社会的正常运作做出宝贵的辩论和政策制定方面的贡献。

泰森在思想上的这种贡献具有特别的魅力：因为他没有期望提出标准答案，而是要创作一种与读者以更细微的方式进行对话的语境。当人们将问题置于一个更广泛的背景中时，就会获得对地球上生命的新看法。这些看法会对各种教条主义提出挑战，让读者意识到，这种方法不仅能帮助人们弄清什么是真正重要的，还能激发更大的团结意识——这就是学习的价值。

一、好奇心驱使人类进步

“宇宙”是一个大词。它包括了宇宙中的每一个物质粒子，在一个直径高达100亿光年的系统中，拥有大量的星系。通过这个镜头看向地球上的生命是一个有趣的新视角，因为这个视角具备时间和空间的恢宏维度。当我们倒退约3万年，想象一群遥远的、住在山洞里的祖先蜷缩在火堆旁，这个人类族群的心智地图不超过洞穴周围十几平方英里的范围。在这些边界之外是巨大的未知，一些人可能会把它想象成一个巨大的虚无；另一些人在考虑它时，可能除了危险和死亡之外什么都看不到。有一天，一对无畏的洞穴居民咨询他们的长者，他们想看看外面有什么。长者们权衡此事，并思考风险和回报。有时，你必须离开山洞才能解决你的山洞问题。尽管，巨大的未知世界里潜藏着危险和死亡，但它也蕴含着治愈疾病的植物和制造新工具的有用材料的希望，以及新的食物、水和住所来源。最重要的是，那里有新的思维方式有待发现。这就是许多科学家所珍视的一种想法，也是人类史上一种深刻的想法。正如美国诗人艾略特所说的那样：

我们将不会停止探索，
而我们所有探索的终点，
将抵达我们出发的地方，
并第一次认识这个地方。

探索关乎旅程，也关乎目的地。当人们开始出发时，他们不仅发现了新的世界，还学会了以新的方式看待我们已经知道的世界。泰森认为，这就是宇宙观。采取这种观点是为了拓宽我们的参考框架。把熟悉的想法重新编排，才能重新来看待我们的出发点。

而这将改变一切。因为，人类已经到了必须从宇宙视角思考才能真正认知地球的历史时刻。

二、拥有宇宙视角才拥有地球观

作者将目光聚焦于美国，总结了在1968—1973年间所观察到的现象。一种全新的政治和文化边界被打开：在美国，民权活动家正在重新定义作为一个美国公民的意义；在布拉格和巴黎，在墨西哥城和东京，学生们在研讨室里梦想着新的乌托邦；披头士乐队从印度归来，带着西塔琴的声音重新定义了西方流行音乐；无国界医生组织在巴黎成立。

这也正是科学探索的重要时期。第一艘载人航天器抵达月球。阿波罗8号在返回地球之前围绕月球运行了10次。在其中一次飞行中，宇航员威廉·安德斯以月球视角拍摄了地球。当这个图像在全球流传时，人们开始以一种新的方式思考地球。宾夕法尼亚州排放污染物的工厂、波兰森林中的酸雨、尼日尔三角洲被石油覆盖的海滩，都不再是本地问题——它们现在被看作影响地球整体生态系统问题的局部症状。

这是值得再认识的历史阶段：人类通过前所未有的放大视角，开始把环境作为全人类关注的现象来把握。一波立法浪潮反映了这种观点的转变。1968－1973年的最后一次登月任务圆满结束。世界各国开始通过法律来规范工业污染物的排放和像双对氯苯基三氯乙烷（DDT杀虫剂）这样破坏生态的农药的使用。负责保护自然资源和防止过度捕捞的新机构也随之出现。与此同时，联合国开始纪念地球日——一次支持环境保护的国际示威活动。美国《清洁空气法案》通过，美国国家海洋和大气管理局成立，美国环境保护局成立，美国《清洁水法案》通过，美国《濒危物种保护法》通过。

从此，宇宙观作为一个观念成果，体现在人类开始对我们星球的生态系统进行关注上，即使大自然实际上并不关心我们是否健康或长寿。人们被自然本能地装备起来，在一些可能伤害人类的东西和一些可能带给人类安慰的东西之间进行筛选。

只是理性告诉人们：太空中并没有暗示，宇宙中的任何人或任何东西将来到地球，或从人类自己手中拯救人类。只有我们人类关心我们自己。对于人类所面临的这个时代的最大自然危机，包括气候危机，何尝不是这样呢？现在的问题是，人类是否能够认识和正视气候变化带给人类生存环境的挑战。

因为，我们只有一个地球。

三、宇宙观下没有常识性假设和定义

人类的科学史总是在不断被超越的。过去的科学受困于能力和认知不断被证伪，而新的科学范式需要人们更多的实验和观察产生更多的数据，从而确定究竟什么是客观的真实。这意味着知识是以指数形式增长而非线性增长，因此根据过去预测未来变得十分滑稽。它还让你认为，所有出现在你生命里的那些惊人的发现和发明，都代表着你生活在一个特殊的时代——这就是指数增长的一个基本特征。每个人都认为自己生活在特殊时期，无论他们在曲线上处于什么位置。一切历史都不是线性的，自然界的发现之河以指数形式增长。

这对人类的常识产生了挑战。以水为例，在海平面上，水的沸点是100摄氏度。然而，在海平面以上10000英尺处，空气压力要小得多。在那里，水沸腾的温度只有90摄氏度。由于东西在较低的温度下煮得更慢，必须延长总的烹调时间来加以补偿。在沿海地区，7分钟后就能完全煮熟的意大利面条，在山区可能需要12分钟。所以这就是我们答案的第一部分：气压越低，液体的沸点越低。但是如果把这个场景设定在火星又会是什么模样？当我们以宇宙视角来看，像水的沸点这样看似直观的东西变得令人困惑且含糊不清。科学家们接受这样的模糊性，毕竟，他们被训练来质疑常识性的概念界限。

至于政治和文化，则是另一回事。本书探讨的肉食主义者与素食主义者、性别与身份、颜色与种族等易引起激烈争论的问题，从宇宙观的角度来看都不是对立的。泰森用确凿的事实和批判性思维钉住了人与人之间相似性多于不相似性这一基本事实。这似乎符合中国道家的哲学思想：有无相生、虚实相形、阴阳相依。

四、做一个贝叶斯主义者

尽管本书没有直接提到贝叶斯主义（Bayesianism），但是在第5章“风险与回报”中表达了类似的观点。所谓贝叶斯主义是基于英国数学家贝叶斯关于两个条件概率之间关系的解读，也称为“贝叶斯认识论”——一种认知证明理论，主张信念 P 得以证明的条件是当且仅当这个 P 的概率高到合理的程度时，并且这种概率由获取新论据而发生的认知变化，可依据概率演算，包括通过贝叶斯定理来计算和预测。如果以更为直接的方式表达就是：以置信度为衡量方法做判断。

因此，理解世界的一个成功策略是不断测试自身的预设、承认错误的可能性并尝试改进。作者对这一章的总结是“我们每天都在用自己和他人的生命做计算”，强调的是数学在关键科学思维中的重要性，特别是统计学和概率。作者对概率的分析提供了几个有启发性的例子。作者关于赌博的入门读物是通过骗局与赌博方程中涉及的、非常真实的赔率选择之旅。“科学家也是人，但广泛的数学训练会慢慢地重塑大脑中这些非理性的部分，使我们不那么容易被利用。”

1986 年，4000 名天体物理学家聚集在拉斯维加斯的米高梅大酒店参加会议。该酒店过去和现在都是世界上最大的赌场酒店，有 7000 个房间。如果一个人在数学上更精明一些，可能会想象出 4000 名新客人在一周内可能会在赌场中获得多少收益。可是在拉斯维加斯发生的情况是，酒店赚的钱比以前任何一个星期都少。泰森猜想：“会不会是物理学家对概率的了解太深，以至于他们在扑克、轮盘、骰子和老虎机中提高了对赌场的赔率并取得了胜利？不，他们只是没去赌……物理学家们被数学打上了‘远离赌博’的烙印。”

五、追求“程序正义”还是“结果正义”？

在本书第9章“法律与秩序”中，泰森向我们传达：无论人类喜欢与否，法律与秩序都是文明的基础。“在法庭上，如果真理和客观性既不被追求，也不被渴望，那么我们必须承认或坦白的是……我们看到的都是关于感情和情绪的宣泄，追求将激情转化为同情心。”在泰森的批判性分析中，审判本身已经成为有说服力的演说，而不是代表法律和程序正义。

但是，综合多国司法实践情况来看，程序正义和实质正义是可以进行衡量取舍的，绝对不可减损的程序正义和实质正义只在理论上存在。程序正义的目的在于确保事实上的结果正义。值得注意的是，在大多数情况下，即便拥有了证据程序，人们还是无法完全重现事实，这会导致一些结果在“上帝视角”看来是非正义的，甚至会让一些犯罪分子逍遥法外。这往往并非由程序错误导致，而是由人类认识和技术的局限性导致的。因此，法律与秩序的科学性也体现为致力于发展有关科学技术，以增强查明事实的能力。

六、看待生命

本书的尾声“生命与死亡”提供了无价的洞见，也是泰森对为什么使用科学分析和方法论可以提供一些关于生命、死亡和人类的，非常有启发性和批判性思考的回答。他引用了 19 世纪教育家霍勒斯·曼的墓志铭:“我恳请你们把我的这些临别赠言珍藏在心中，在你们为人类赢得一些胜利之前，请以死为耻。”人类不断向外探索的原始冲动肯定比不断互相残杀的原始冲动要大，那么人类的好奇心，将确保人类会持续对星际进行无尽探索，这些见解也迫使人类在地球上的短暂时间里，成为自己文明的越来越好的牧羊人。

七、结语:“概览效应”

泰森在本书中强调，这本书是献给“所有希望看到世界本来面目，而不是现在面目的人”。

那么应该如何利用本书呢？本书给了读者极为重要的钥匙：用宇宙视角认识地球、地球上的人类及其生存的社会和生态，还有他们的未来。这就是所谓的“概览效应”。“从宇宙视角回到地球视角，我们会改变与自己所在的这颗星球以及与人类同胞的关系”——这应该成为至理名言。

与此同时，请千万记住：人类还处于“按照幂率方式增长”的时代，这样的速率已经超出人们正常理解的范围。但是，我们别无选择，唯有适应。

权威推荐

此书可谓是现代版《庄子》。其中有“齐物论”，说人与动物、人与非人、堕胎和自然流产、健全人和残疾人、肉食和素食都没有本质分别，帮你破除“分别心”；还有“逍遥游”，用宇宙尺度的事实告诉你什么才叫“小知不及大知，小年不及大年”。书中更有对现代生活的理性审视，让你认识到世界并不一定非得是这样的。渺小但不孤单，幸运但不特殊，这就是宇宙视角带给我们的正确感觉。

——万维钢，科学作家，“得到”App《精英日课》专栏作者

生活在洞穴里的祖先从洞口望向星空时，便已经有了勇气和意识探索与发问。人类从古至今都在追问宇宙起源，而浩瀚如深渊的宇宙，或许也在反问着人类文明的发端。保持谦卑，敬畏宇宙。

——刘继峰，中国科学院国家天文台副台长

也许人类已无处可去，也许人类还有许多可选择的未来，本书作者主张的宇宙视角是星际信使献给人类世的警言和思考。也许我们可以由此出发，扩张一种星际视野，对宇宙的本质、地球及人类命运的未来发展，进行一些具有探索性的思考与想象。

——方李莉，中国艺术人类学会会长，
东南大学艺术学院特聘首席教授

作者充满激情，对困扰人类的诸多看似对立的问题提出了崭新的阐释，令人耳目一新，发人深省，本书值得大力推荐。

——方在庆，中国科学院自然科学史研究所研究员

400多年前，当人类刚刚开始使用望远镜，伽利略的《星际信使》让人们看到了神奇的宇宙；而在天文知识充实的当今，美国天文学家尼尔·德格拉斯·泰森的《星际信使》，又从一种更大的宇宙尺度对人类的地球活动进行审视和反思，甚至重新定义。让我们以此书和宇宙作为洞察力的宝库，受知于宇宙，对周围的事物拥有全新的宇宙视角。

——苟利军，中国科学院国家天文台研究员，

中国科学院大学教授，电影《流浪地球2》科学顾问

当我们以宇宙的视角回望地球的历史长河，生命无比渺小，但一旦我们具备这样的视角，我们个人生命的维度反而会得以拓宽。这本书提醒我们，人生需要这样的视角和观念，它帮助我们像星星一样安详从容、不断沿着既定的目标走完自己的路程。

——涂子沛，大数据思想家，科技作家，《第二大脑》作者

阅读这本书就像在读电影剧本，如同从空间站的窗户回望地球，以上帝视角审视一个荒诞不经的世界，在这里，美丽与奇妙、复杂与矛盾并存，人们认真地根据自己的“逻辑”行动着，你明知有些是错误、荒谬甚至愚蠢的，但执念让人纠结、痛苦然又津津有味——泰森向我们展示了即使这些矛盾本身也是美丽的。

泰森雄辩地将科学的合理性与更宏大的宇宙视角结合起来，洞察当前的世界挑战，这是对人类以及这个宇宙的思考。他邀请我们通过宇宙的镜头来看待地球上的问题，寻找将一切联系在一起的更大真理；他打破了自我思维的狭隘空间，通过更客观的方式帮助我们思考当下的生活及其本质；他提供的见解超越了我们的偏见和固有观点、我们的期许和欲望，使我们能够真正面对当前所处的现实。这本书既是对生命以及我们所处时代的反思，同时召唤我们为彼此和整个人类做出更多贡献。

——宁理，演员，电影《流浪地球 2》“科学家马兆”扮演者

权威推荐

每一页都被原创的诗意想象照亮，并带有理性思维的印记，浸透了数学和科学之美。

——理查德·道金斯（Richard Dawkins）、
《自私的基因》和《上帝的错觉》作者

英俊、爱交际、对研究主题充满热情的尼尔·德格拉斯·泰森一如既往地脚踏实地、热情迷人。他思考着：研究星星们威严的生活可以如何教会我们处理困扰地球社会的混乱与冲突……

——《华盛顿邮报》（*The Washington Post*）

尼尔·德格拉斯·泰森已经成为全美国最具影响力的科学传播者。

——沃克斯传媒（*Vox*）

前言

《星际信使》唤起了人类对文明的警醒。人们不再知道该相信什么人、什么事。我们以自认为真实的或希望真实的东西为动力，播种对他人的仇恨，而不考虑到底什么才是真实。文化和政治派别为社群和国家的灵魂而战。我们几乎已经忘记了事实与观点的不同之处。我们对攻击性的行为应对得很快，而善良的行动却进行得很迟缓。

伽利略·伽利雷于1610年出版了《星际信使》[①]一书，他把长久等待被发现的宇宙真理带到了地球，使其降临到人类的思想中。伽利略后来完善的望远镜揭示了一个真实的宇宙，这个宇宙的面貌不同于任何人先前的推测，不同于任何人先前的盼望，也不同于任何人先前的断言。《星际信使》包含了他对太阳、月亮和其他恒星，以及行星和银河系的观测结果。从伽利略的著作中，人们快速收获了两个结论：（1）仅靠人类的眼

① 伽利略的这本书原名为 *Sidereus Nuncius*，拉丁文译为《星际信使》，作者将其作为本书主书名以表致敬。——编者注

睛不足以揭示自然界运作的基本真理；（2）地球不是宇宙运动的中心，它只是绕着太阳运行的已知行星之一。

在我们的世界中，这些首次出现的宇宙视角是对人类重要性的自我检测——这些来自星星的信息迫使人类重新思考自己与他人、与地球、与宇宙的关系。若非如此，我们就有可能认为，世界围绕着我们和我们的思想运行。我的这本《星际信使》是一种解药，它为我们提供了分配情感和智力的方法，从而让我们与已知宇宙的生物学、化学和物理学相协调。本书重新定义了我们这个时代讨论和辩论最多的部分话题——战争、政治、宗教、真理、美、性别、种族，每一个话题都是生命版图上的人造战场。伽利略曾在他的书中强调，责任和智慧应为人类文明服务。我还间断地探讨了我们在外星人眼里可能的样子，这些外星人来到地球，对我们是谁、是什么，或者我们应该如何生活，并没有先入为主的概念。也因此，他们突显了我们人类的矛盾、虚伪和偶尔的愚蠢，从而成为人类玄妙或者迷惑行为的公正观察者。

我将《星际信使》看作洞察力的宝库，受知于宇宙，以科学的方法和工具带给你全新的宇宙视角。

目录

CONTENTS

科学与社会

在这个由政治、宗教和文化等元素组成的复杂世界里，虽然人们解决分歧的方案各不相同，产生分歧的原因却千篇一律：我们拥有不同的知识储备和价值观，重视不同的事情，对周围发生的一切持有不同的理解，我们看待世界的方式不尽相同。于是，我们便将那些看起来与自己长相相似的人、与自己祈祷相同神灵的人、与自己道德准则相一致的人，视为我们所在部落或群体的一分子。鉴于我们这个物种曾经处于旧石器时代以来的长期隔离状态，人们也许不应该对进化所造成的结果感到惊讶。团体思维即使违背了理性分析，也可能赋予了我们祖先在生存上的优势。[1]

反之，如果远离使我们分裂的一切因素，你可能就会发现关于这个世界的共同的、统一的观点。那么，请注意你要前往的方向，那个新的视角不在你站立之处的东南西北任一方向——它根本不存在于罗盘所指向的任何地方。你必须从大地的表面上升才能到达那个高度，你会俯瞰地球以及地球上的每个人，只有那样你才能对划分世界的解释方式产生免疫。我们把这种转变称为“概览效应”（overview effect）[①]，在太空中环绕过地球的宇航员们通常会有这种体验。再加上现代天体物理学的发现，以及孕育了太空探索的数学、科学和技术——是的，来自宇宙的视角高于一切。

我对这个世界的每一个想法、观点与展望，几乎都为我们对自身在地球上和宇宙中所处位置的认识所触动、告知和启迪。也许没有什么比科学的方法、工具和发现更有人情味的了。它远不是一项冷酷无情的事业，它塑造了现代文明。如果文明不是人类为自己建立的超越原始冲动的手段，以及作为生活、工作和娱乐的景观——那么，何为文明？

我们的集体和持续的分歧又分别是什么呢？我所能保证的是，无论你目前持有什么观点，注入科学和理性思维可以使它们比以往更深刻、更有见地。这一过程也可以暴露出你可能持

---

① 随着第一批人类进入太空，宇航员们经历了前所未有的从更为广阔的宇宙视角看向地球并激发出敬畏心的体验，这种心理上的转变被心理学家弗兰克·怀特记录在《概览效应》（*The Overview Effect*）一书中。——编者注

有的任何毫无根据的观点或者不合理的情绪。

我们不可能期望现实中的人们都以科学家的方式进行思辨。因为科学家不是在寻找彼此的不同意见，而是在寻找彼此的数据支撑。即使是在辩论时，你也可能会惊讶于理性具有多大的效力。在它的启迪下，你很快就会发现，地球偏袒的部落并不多，有且只有一个——人类部落。这时，许多分歧就弱化了，甚至干脆消失了，从源头上让我们没有什么可争论的。

科学之所以有别于人类追求的所有其他文明的分支，是因为它能在一定程度上探测和理解自然界的行为，使我们能够准确地预测甚至控制自然界事件运作的结果。科学发现往往拥有拓宽和深化对事物看法的力量，尤其是能提高我们的健康、财富和安全水平。今天地球上有越来越多的人比人类历史上的任何时候都更能享受到这些益处。

支撑这些成就的科学方法，用正式的术语来表达，通常为归纳、演绎、假设和实验等。它们可以用一句话来概括，那就是“一切以客观为准”:

不惜一切代价，避免愚弄自己，

让自己以为某些假东西是真的，

或某些真东西是假的。

这种认识方法在11世纪就建立了根基。正如阿拉伯学者伊本·海赛姆（公元965—1040年）所表达的，他特别告诫科学家不要心存偏见："在进行批判性检查时也应该对自己保持质疑，这样就可以避免陷入偏见或仁慈。"[2]在几个世纪后的欧洲文艺复兴时期，达·芬奇也完全赞同这样的观点："人们遭受的最大欺骗来自他们自己的观点。"[3]到了17世纪，在显微镜和望远镜几乎同时被发明后不久，在天文学家伽利略和哲学家弗朗西斯·培根（维鲁兰男爵）的努力推动下，科学方法全面开花。这些方法的共同点是，通过开展实验来检验假设，并根据证据的强弱来判断假设成立的可能性大小。

从那时起，我们便进一步了解到，在大多数研究人员获得彼此一致的结果之前，不要声称自己发现了新的真理。这种行为准则具有显著的效果。没有法律禁止发表错误或有偏见的结果，但是这样做的代价很高：如果你的研究被同事们检查，而没有人能够再次得到相同的研究结果，那么你未来研究的真实性就会被怀疑；如果你是直接造假，例如故意伪造数据，而后来的研究人员发现了这一点，那么你的职业生涯将就此终结。

科学内部的自我调节系统在各行业中可能都是独一无二的，它不需要依附公众、媒体或政治家来发挥作用。然而，观察这个机制的运作可能还是会让你着迷。只要观察一下同行评议的科学期刊上研究论文的导向就可得知——科学发现的大本营有时也是科学争论的战场。但是，如果你为文化、经济、宗教或政治目标而精心挑选预先达成共识的科学研究，就会破坏知情民主的基础。

不仅如此，一致性是科学进步的大忌。那些一直指责我们在相互认同中获得安慰的人，是那些从未参加过科学会议的人。他们把这样的聚会看作“开放季”，无论其资历如何，任何人都可以提出自己的想法。这对科学领域是有好处的。成功的想法能经受住检验，不好的想法则会被淘汰。对于试图推进事业的科学家来说，墨守成规也是可笑的。在你有生之年出名的最好办法是：提出一个与主流研究相悖的想法，并赢得观察和实验的一致性。良性、健康的分歧是探索前沿发现的一种自然状态。

开场

科学与社会

1660 年，在伽利略死后仅 18 年，伦敦皇家学会成立了目前世界上最古老的独立科学机构，该机构至今仍在不断发展壮大。从那时起，先进的科学思想就在那里争论不休。其座右铭“不相信任何人说的话”（Take nobody’s word for it），直言不讳、令人惊叹。1743 年，本杰明 · 富兰克林成立了美国哲学学会，以促进生产“有用的知识”。他们今天正是秉承这一职责继续工作，其成员代表了科学和人文领域的所有学术追求。1863 年，美国第一位共和党总统亚伯拉罕 · 林肯根据国会的一项法案签署成立了美国国家科学院（the National Academy of Sciences，缩写为 NAS）。这一年他手头显然有更紧迫的事务。在人们的记忆中，这个庄严的机构将为美国在科学技术相关问题上提供独立的建议。

进入 20 世纪，具有科学使命的机构大量涌现，达到了类似目的。在美国，这些机构包括：美国国家工程院（the National Academy of Engineering，缩写为 NAE）；美国国家医学院（the National Academy of Medicine，缩写为 NAM）；

美国国家科学基金会（the National Science Foundation，缩写为NSF）；美国国家卫生研究院（the National Institutes of Health，缩写为NIH）。还有美国国家航空航天局（the National Aeronautics and Space Administration，缩写为NASA），负责探索太空和开展航空科学暨太空科学的研究；美国国家标准与技术研究院（the National Institute of Standards and Technology，缩写为NIST），负责探索科学测量的基础，所有其他测量都基于此；美国能源部（the Department of Energy，缩写为DOE），负责探索所有可用和有用形式的能源；以及美国国家海洋和大气管理局（the National Oceanic and Atmospheric Administration，缩写为NOAA），负责探索地球的天气和气候，以及它们如何影响商业。

这些研究中心以及其他值得信赖的已公开发表文章的科学来源，能够以开明和知情知理的方式赋予政治家权力。但如果投票者和他们投票支持的人不能够理解科学是如何以及为何发挥作用的，那么这一切都不会发生。一个国家的研究机构的科学成就好比这个国家的苗圃，由管理这些科学机构的行政部门所提供支持的广度和深度来滋养。

在深入思考一个科学家如何看待世界、一个有可能存在的外星人从宇宙看地球是什么样子，以及宇宙时代和无限空间的规模之后，所有囿于地球上的想法都会改变。你的大脑将会重新调整生活的优先次序，并重新评估一个人可能采取的应对行动，你对文化、社会或文明的任何看法都会受到影响。在这种精神状态下，世界看起来会不同，而你也将发生转变。

你将通过宇宙视角来重新看待地球上的生活。

第1章

真与美

生活和宇宙中的美学

自古以来，真与美的主题一直占据着我们最深刻的思想家——特别是哲学家和神学家的思想，当然也有诗人，比如约翰·济慈在 1819 年的诗作《希腊古瓮颂》（*Ode on a Grecian Urn*）中说：

美即是真，真即是美，这就是全部。[1]

对穿越银河系来拜访我们的外星人来说，真与美的主题看起来像什么呢？他们不会有我们这样的偏见，不会有我们这样的偏好，也没有我们先入为主的观念。他们会对我们作为人类所重视的事物提供一个全新的视角。他们甚至可能会意识到，地球上有关真理的讨论本身就充满了相互冲突的意识形态，人类亟须科学验证的客观性视角。

第 1 章
真与美

科学家们拥有几个世纪以来完善的调查方法和工具，他们可能是宇宙中客观真理的唯一发现者。客观真理适用于所有的人、地方和事物，以及所有的动物、蔬菜和矿物；其中一些真理适用于所有的空间和时间。即使你不相信它们，它们也是真的。

客观的真理并不来自任何固定的权威，也不来自任何一篇单一的研究论文。新闻界为了爆料，可能会误导公众对于科学运作的认识，将一篇刚刚发表的科学论文作为头条新闻，也许还会吹捧作者的学术谱系。当从前沿思想得出结论的时候，真理还未尘埃落定。研究可能会徘徊不前，直到实验向一个方向或另一个方向靠拢，或者一直找不到方向即实验毫无突破性进展。这些关键的检查和平衡通常需要数年时间，而其间的一点点突破几乎算不上什么“重大新闻”。

客观真理放之于未来也是正确的，它通过反复的实验而确立，这些实验能够给出一致的结果。我们不需要重新审视地球是否是圆的、太阳是否是热的、人类和黑猩猩的 DNA（脱氧核糖核酸）是否有 98% 以上相同，或者我们呼吸的空气是否有 78% 是氮气。20 世纪初物理学革命诞生了两大科学理论——量子力学和相对论，而随之形成的“现代物理学”并没有抛弃牛顿的运动定律和重力定律。相反，它描述了自然界更深层次的现实，通过越来越多的调查方法和工具使之可见。现代物理学就像一个“马特罗什卡”（即俄罗斯套娃），将经典物理学置于这些更宏大的真理之中。科学唯一不能保证客观真理的情况是在研究未形成共识的前沿问题之时，科学唯一不能保证客观真理的时代是 17 世纪之前，那时我们利用不充分和有偏见的感官作为理解自然世界的唯一工具。客观真理的存在独立于五感（视觉、听觉、嗅觉、味觉、触觉）对现实的认知。后来，有了适当的工具，客观真理可以被任何人在任何时间、任何地点进行验证。

科学的客观真理并非建立在信仰体系之上。它们不是靠领导人的权威或说服力建立的，它们也不是从重复中学习或从神奇的思维中收集的。人不能仅仅出于意识形态上的原则而否认客观真理。否认客观真理就会成为科学上的文盲，对科学一无所知。

经过这一切，你可能会认为这个世界上应该只存在唯一的真理定义。但事实并非如此，至少还有两种普遍存在的定义——个人真理和政治真理。它们驱动着人类行为中一些最美丽和最暴力的表现。

个人真理有能力指挥你的思想、身体和灵魂，但并不以证据为基础。个人真理是你即便不能证明却依然确信无疑的信念，其中一些来自你希望确信为真的信念，另外一些则来自魅力领袖或神圣的教义，既包括古代的也包括当代的教义。对一些人来说，特别是在一神教传统中，上帝和真理是同义词。基督教的《圣经》（the Bible）是这么说的：

> 耶稣对他说，我就是道路、真理和生命。
> 人非借着我，不能到父那里去。[2]

个人真理可能是你珍视的东西，但除了通过激烈的争论、胁迫或武力，你没有什么好办法说服其他不同意的人。这些真理是大多数人观念的基础——坚持己见或是茶余饭后的争论通常是无害的。耶稣是你的救世主吗？穆罕默德是否是上帝在地球上的最后一位先知？政府应该支持穷人吗？目前的移民法是太紧还是太松？碧昂斯是你的女王吗？在《星际迷航》（*Star Trek*）的宇宙中，你是哪位舰长——柯克、皮卡德还是詹韦？

意见的分歧丰富了一个国家的多样性。这样的状况在任何自由社会中都应该得到珍视和尊重，前提是每个人都能自由地提出不同意见。最重要的是，每个人都能对可能改变你想法的理性论点保持开放。可悲的是，许多人在社交媒体上的行为已经演变成了与此相反的样子。他们的秘诀是找到一个他们不赞同的意见，然后释放出愤怒的浪潮——只因为你的观点与他们不一致。若社会、政治团体或立法机构试图要求每个人都尊崇同一种个人真理，最终只会走向独裁。

在葡萄酒爱好者中，有一句著名的拉丁语表达，“In vino veritas”，翻译为“葡萄酒中存真理”（酒后吐真言）。对一种乙醇含量为12%—14%的饮品来说，这是一种大胆的说法。这种分子会扰乱大脑功能，而且（无关紧要地）恰好在星际空间中很常见。这句拉丁语还暗示，一群喝葡萄酒的人将会发现，在没有提示的情况下，彼此会平静地说着实话。也许在某种程度上，这一情况也会发生在饮用其他酒精饮料时。即便如此，也很少有人见过两个喝葡萄酒的人在酒吧里打起来。喝金酒的人也许会打起来，喝威士忌的人肯定会，喝霞多丽的人却不会。想象一下，在电影剧本中出现以下台词是多么荒谬：“我要踢你的屁股，但要等我先喝完这杯梅洛酒！”同样令人难以置信的说法可能也适用于吸烟，吸烟的地方往往不是发生打斗的地方。即便支持性的证据是电影中的传闻，诚实的真相也能孕育出理解与和解，也许这是因为诚实比不诚实好，而真相比谎言更美丽。

有一种真理远远超出酒的真相，成为个人真理的近亲，那就是政治真理。有些思想和观点已经与你的感觉产生了共鸣，却成为不可动摇的真理。因为媒体的力量，这些内容在不断重复，让你相信它们是真的——这是宣传工作的基本特征。这种信仰体系几乎总是影射或明确宣布，你是谁，你做什么，或你怎么做，都比你想征服的人更优越。人们会献出自己的生命或夺走他人的生命以支持他们的信仰，这不是什么秘密。通常情况下，支持一种意识形态的实际证据越少，一个人就越有可能愿意为这项事业牺牲。20 世纪 30 年代的雅利安德国人并不是生来就认为自己的种族是世界上其他种族的主宰。他们必须被不断灌输这样的信念才会确信，而他们确实被不断灌输——被一个高效、狡猾的政治机器不断灌输。到 1939 年第二次世界大战开始时，数以百万计的德国人已经准备好为之献身，结果也确实如此。

文化中关于美丽的标准和理想的审美通常会在不同季节、

年份和年代发生变化，特别是关于时尚、艺术、建筑和人体的审美。根据化妆品行业和更大的美容行业的规模来看，来访的外星人肯定会认为，人类觉得自己的丑陋是无法修复的，需要持续“改进”。我们已经设计了美发工具来拉直鬈发和卷曲直发；我们发明了植发和理发的方法；我们用化学染料使浅色头发变黑，使深色头发变浅；我们不容忍任何形式的痤疮或皮肤瑕疵；我们穿着让自己显得更为高大的鞋子，用香水去除体味；我们用化妆品来突出我们容貌的优点，隐藏我们容貌的缺点。最终，我们的外表并没有留下多少真实的东西，我们所创造的美丽甚至不会深入皮肤——因为我们涂抹的一切在洗澡时就会被洗掉。

客观真实或诚实可信的事物——特别是在地球上或在天上，往往拥有自己独特的美，超越了时间、地点和文化。即便你几乎每天都能见到日落，它也仍然令人着迷。日落很美，但我们也知道太阳核心热核能源的所有情况。我们知道它的光子在爬出太阳的过程中的曲折旅程，它们在太空中的快速旅行，直到通过地球的大气层折射，到达眼睛的视网膜；随后，大脑会处理并“看到”这些日落的图像。这些“额外的”事实，这些科学真理，都有能力加深我们可能赋予自然之美的任何意义。

我们中几乎没有人对瀑布、对从山区或城市的地平线上升起的满月感到厌倦。我们一直对日全食这一奇异的景象感到惊奇。又有谁能拒绝新月和金星一起悬挂在黄昏的天空中的场景呢？伊斯兰教也不能，星星与月牙的并置仍然是伊斯兰教的一个神圣象征。文森特·凡·高也无法回避，1889 年 6 月 21 日，[①] 他在法国圣雷米黎明前的天空中捕捉到了它们，创作了可能是他最为著名的画作之一《星月夜》（*The Starry Night*）。而我们似乎永远无法从行星探测器或哈勃太空望远镜，以及其他通往宇宙的门户提供的宇宙图像中获得足够的全景。自然界的真相充满了美丽和奇迹，穷尽最大的空间和时间尺度。

因此，毫不奇怪，人们崇拜的上帝或诸神即使不是天空本身，也往往占据高处。或者说，从山顶到浮云再到天堂本身，我们总认为高处更接近上帝。挪亚方舟 [②] 停泊在阿拉拉特山顶，而不是在湖泊或河流的边缘；摩西没有在山谷或平原上接受十条诫命，而是带领人们在西奈山顶上来到上帝

---

① 该日期是作者根据月亮的相位、方向和相对于金星的高度来推测的。——编者注

② 挪亚方舟是《圣经》故事中义士挪亚为躲避洪水而造的柜形大木船，也叫诺亚方舟。——编者注

的身边；锡安山和橄榄山是中东的圣地，耶稣著名的山中布道的地点也一样神圣；[3]位于云层之巅的奥林匹斯山也坐拥希腊众神。不仅如此，祭坛也往往建在高处，而不是低处，例如，阿兹特克人的祭祀通常是在中美洲的金字塔上举行。[4]

我们经常在海报甚至美术作品里见到这样的描绘：小天使、天使、圣人，或是长着胡子的上帝本人漂浮在积雨云（所有云中最伟大的云）上。云朵分类学使苏格兰气象学家拉尔夫·阿伯克龙比着了迷，他于1896年尽可能多地记录了世界各地的云，并为它们创建了一个数字序列。你猜对了，积雨云排在第9位，不知不觉中形成了在幸福状态下身处“第九云团”（cloud nine）[5]的永恒概念。倘若把“第九云团”与闪射至四面八方的太阳光束结合起来，你就会情不自禁地想到神圣的美。

从阿拉斯加到澳大利亚，在世界各地原住民群体中常见的万物有灵论宗教，反而倾向于主张自然本身充满一种精神能量，比如小溪、树木、风、雨和山脉都有灵性。如果古人能够获得我们今天所享有的这幅宇宙图景，那么他们的神灵在俯瞰地球时可能会享受更多地方的美丽。NASA的“核光谱望远镜阵列”（Nuclear Spectroscopic Telescope Array，缩写为NuSTAR，也有译为“核分光望远镜阵列”）在X射线波段观测到的星云PSR B1509-58，就像太空中一只巨大的发光的手，手腕、手掌、伸出的拇指和手指清晰可见（见图1-1）。尽管这个星云事实上是一颗死亡的恒星爆炸时的发光残骸，但这并不妨碍人们将其称为“上帝之手”（The Hand of God）。

除了天体物理学的目录编号[①]之外，我们通常会参考地球上各种有趣的事物来命名星云，包括猫眼星云（NGC 6543）、蟹状星云（NGC 1952）、哑铃状星云（NGC 6853）、鹰状星云（NGC 6611）、螺旋状星云（NGC 7293）、马头星云（IC 434）、礁湖星云（NGC 6523）、柠檬片星云（IC 3568）、北美洲星云（NGC 7000）、猫头鹰星云（NGC 3587）、环状星云（NGC 6720）和塔兰图拉毒蜘蛛星云（NGC 2070）。是的，它们实际上都看起来像它们的名字所代表的事物，强烈地唤起了我们对这些事物的记忆和印象。还有一个星云叫吃豆人星云（NGC

---

① 在天体物理学领域，有许多不同种类的目录编号，由不同的字母缩写表示。例如：PSR是Pulsating Source of Radio（pulsars）的缩写，即无线电脉冲源（脉冲星）；NGC是New General Catalogue of Nebulae and Clusters of Stars的缩写，即星云和星团新总表；IC是Index Catalogue of Nebulae and Clusters of Stars的缩写，即星云和星团索引目录，是NGC的扩展。——作者注

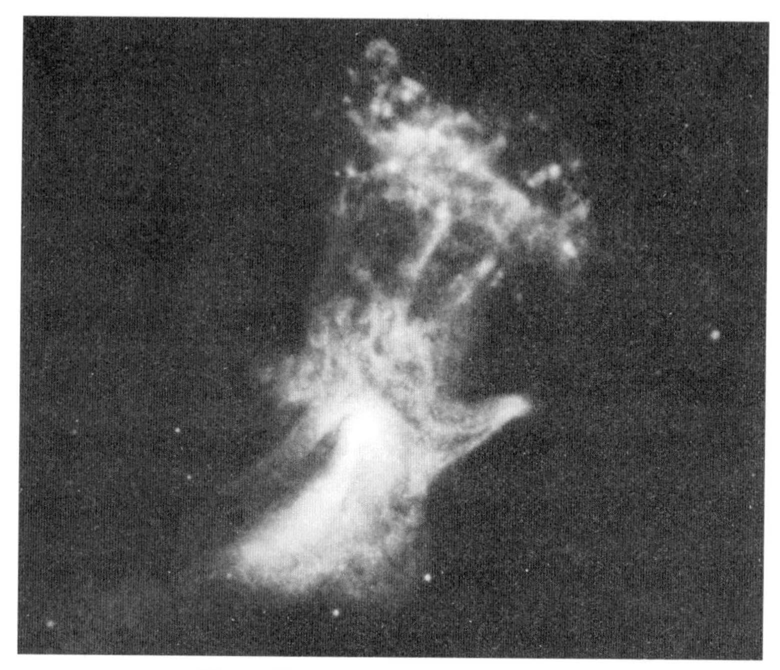

图 1-1　星云 PSR B1509-58（© NuSTAR）

281），以 20 世纪 80 年代那个饥饿的视频游戏人物命名。

自然界的辉煌还不止于此。在我们自己的太阳系中，我们有彗星、行星、小行星和卫星，每一个都显示出形状和形式的惊人独特性。对于很多天体，我们已经积累了直接的、客观真实的知识，知道它们是由什么构成的、它们从何而来、又将变成什么样子。所有这些，都是由引力的作用精心编排的演出，在太空中沿着指定的路径旋转和移动，它们就像宇宙中回旋的芭蕾舞者。

第1章
真与美

在20世纪90年代的白宫，比尔·克林顿那间椭圆形办公室两张面对面的沙发之间有一张咖啡桌，上面放着一块由阿波罗宇航员从25万英里外带回地球的月球岩石样本。克林顿告诉我，每当地缘政治对手或顽固的国会议员之间要发生争执时，他就会指向这块石头，提醒人们它来自月球。[6]这一动作往往能重新调整对话，提醒人们：来自宇宙的视角可以迫使你暂停并反思生命的意义，以及维持生命的和平的价值。

美的形式本身就是一种美。

但自然界的美并不局限于事物之上。客观真实的想法可以携带一种自身的美。请允许我选择一些喜欢的例子来阐释：

在所有科学公式中，最简单也是最深刻的方程之一是爱因斯坦的能量（E）和质量（m）的等价关系：$E=mc^2$。小写 c 代表光速，当我们解开宇宙运行的密码时，这个常数出现在无数地方。这个小方程支撑着宇宙中的所有恒星自时间存在开始产生能量的方式。

同样简单而同样深刻的是艾萨克·牛顿的第二运动定律，它精确地规定了当你对一个物体施加一个力（F）时，它将加速（a）多快：$F=ma$。m 代表被施力的物体的质量。这个小方程以及爱因斯坦后来在相对论中对它的扩展，支撑着宇宙中所有物体曾经或将要出现的所有运动。

物理学可以是美丽的。

你可能听说过圆周率 π，这是一个介于 3 和 4 之间的数字，含有无限个小数位，经常被截断为 3.14。这里写下的 π 有足够多的数字，可以看到从 0 到 9 的所有 10 个数字。

3.14159265358979323846264338327950...

你只需用圆的周长除以它的直径就可以得到 π。无论圆的大小如何，这个比例都一样。圆周率的存在是欧几里得几何学的一个深刻真理。因为 π 大多数时候以 3.14 代入运算，所以每年 3 月 14 日，世界上所有的极客都会庆祝这个日子。

数学可以是美丽的。

氧气促进了燃烧。氢气是一种爆炸性气体。两者产生化学反应就得到了水（H_2O），一种可以灭火的液体。氯是一种有毒的腐蚀性气体。钠是一种金属，软到可以用黄油刀切割，轻到可以漂浮在水上。但不要在家里尝试这样做，因为它在水中会发生爆炸性反应。将这两者结合起来，就会得到氯化钠（NaCl），即常见的食盐。

化学可以是美丽的。

地球上至少有870万种的生物物种，[7]其中大部分是昆虫。这种惊人的生命多样性是40亿年前从单细胞生物中产生的。此时此刻，地球的陆地、海洋和空气的和谐交汇点支持着它们中的每一个。我们都在一起，我们是地球飞船上的一个基因家族。

生物学可以是美丽的。

那么，世界上所有真实但丑陋的东西呢？地球通常被认为是生命的天堂——由自然母亲的母性本能所孕育。这在某种程度上是事实。自从地球能够支持生命以来，它就一直充斥着生命。然而，地球也是一个巨大的“杀人机器”。由于区域和全球气候变化以及火山、飓风、龙卷风、地震、海啸、疾病和虫害等环境攻击，所有曾经生活在地球上的物种里，有99%以上已经灭绝了。[8]其实宇宙也是一台“杀戮机器”，要为小行星和彗星的撞击负责。其中最著名的撞击事件是在6600万年前小行星撞击地球，令所有超大恐龙，以及70%的其他陆地和海洋生物灭绝。没有一个体形比旅行袋大的陆地动物幸存下来。

一个真实但难以承认的事实是，我们对大规模地质灾难以及破坏性天气系统有着病态的迷恋。它们都是“美丽”的东西，甚至是一个完整的类别：值得观看和欣赏的东西。但只能在安全距离内观看，尽管有些人忽略了安全距离的规则。否则，怎么会有“风暴追逐者”和不惧死亡的气象学家呢？他们在灾难性的风暴袭击海岸线时从码头进行现场报道，不顾自己和其他拿着摄像机的人全身湿透。

火山在任何角度都是令人惊叹的。从火山口和山坡上通过支流和河流渗出的红热液体是由液化的岩浆组成的。在室温下，我们用这些火山岩建造房屋，并用它们来比喻世界上所有稳定的东西。火山则按照自己的计划用液化的岩浆塑造了自己，作为通往地球地下世界的一个入口。

还有什么比从高处或从太空看到的一个300英里宽的飓风像暴风云形成的气体风车一样慢慢旋转更美丽的吗？可是当它带来一场强烈的雷雨，以及频繁的、响亮的、可怕的云对云闪电（cloud-to-cloud lightning）和地对云闪电（ground-to-cloud lightning）[①]时，这些场景还美丽吗？

一颗小行星干掉了地球上长着大牙的坏恐龙，地球上的生态圈由此重组，让我们小小的哺乳动物祖先不甘心只做霸王龙的开胃菜，而是进化成更为雄心勃勃的物种。不可否认，这是

① 通常我们熟知的是云对地闪电（cloud-to-ground lightning），作者强调此处并非笔误，而是一种较为罕见的自然现象，即闪电的可见轨迹从地面移动到云中。——编者注

一件美好的事情——至少对于我们所属的灵长类动物这一生命之树上的分支来说是如此美好。

宇宙中的撞击无论发生在哪里，都可能是破坏性的和致命性的。当天空观察者卡罗琳和尤金·苏梅克以及大卫·列维发现苏梅克－列维 9 号彗星（Shoemaker-Levy 9，以他们名字命名的许多彗星之一）时，世界上的天文爱好者都争相通过他们的望远镜目镜观看。因为在被发现之后，这颗彗星的轨道很快被确定会与木星相撞，大家不想错过这难得一见的盛况。世界上的天体物理学家们使用了包括哈勃太空望远镜在内的最强大的望远镜。先前安排的观测时段被自愿放弃，我们甚至还将伽利略号（Galileo）这个尚未抵达目的地（木星）的空间探测器加入观测。木星强大的潮汐力曾将彗星撕碎，形成了一系列在轨道上维持运行的小碎块。1994 年 7 月 16 日，我们目睹了近 20 次撞击中的第一次——A 至 W 碎片落入木星。其中最大的一次，即在 G 碎片的产生过程中，600 万兆吨 TNT（三硝基甲苯，一种常见的炸药）的能量相撞，总能量相当于世界核武器库的600倍。这些撞击在木星的大气层中留下了明显的伤痕，伤痕尺寸比地球自身还要大。

但是，这很美。

宇宙视角掩盖了这些灾难造成的近距离破坏和混乱。它们的美丽掩盖了所有破坏性的东西和所有致命的东西。那一天木星上没有任何东西死亡。如果这些彗星碎片与地球相撞，那将是一个灭绝性的事件。

也许美丽和丑陋之间的界限取决于它是否会伤害我们。自然界中一些客观的丑陋事物可能包括狼蛛的下体特写——也许只有蛛形纲动物学家才会喜欢。狼蛛可以用它的咬合力伤害你，也许我们凭直觉就知道这一点。那么，倘若一条科莫多龙慢慢地跟踪你呢？或者一群吸血的蜱虫，或者水蛭？又或者是疟疾、导致鼠疫的细菌、导致天花的病毒，或者艾滋病呢？所有导致出生缺陷、癌症以及其他缩短我们生命的细胞突变呢？它们都是同一个自然界的一部分，包含了无数我们欣赏的物体和场景。但这些寄生虫或疾病或令人毛骨悚然的生物都没有出现在带有《圣经》引文的海报上。天花、疟疾和鼠疫在全世界范围内总共杀死了超过15亿人。这一数字远远超过了我们人类历史上所有武装冲突造成的死亡人数。大自然杀死的人比我们自己杀死的人还要多——每当我们宣称自然之美时，这些想法几乎从未出现（很可能从未出现）。

也许它们应该出现。如果它们出现了，我们就会更加诚实地面对自己在宇宙中的位置。证据显示，大自然实际上并不关心我们是否健康或长寿。我们被自然本能地装备起来，在一些可能伤害我们的东西和一些可能带给我们安慰的东西之间进行筛选。然而，太空中并没有暗示，宇宙中的任何人或任何东西将来到地球，或从我们自己手中拯救我们。

只有我们人类关心我们自己。

医学研究人员开发疫苗以保护我们免受致命病毒的侵害，开发药品以抵御细菌和寄生虫。建筑师和建设者则创造了房屋和庇护所，以保护我们免受灾难性天气的影响。在未来，天体动力学家将开发空间系统，以改变对我们有致命威胁的小行星的轨迹。与“绿色运动”（the green movement）的隐含信条相反的是，并非所有的自然都是美丽的，也并非所有的美丽都是自然的。

也许这就是世界需要诗人的原因。不是为了解释平淡无奇的东西，而是为了帮助我们停下来，反思人、地点和思想之美——否则我们可能认为这是理所当然的事。简单的美来自简单的真理。读完乔伊斯·基尔默最著名的诗《树》（*Trees*），你还会再走过一棵树而不去反思它的无声威严吗？

我想，我将永远不会看到

一首像树一样可爱的诗。

一棵树，它那饥饿的嘴，对着大地甜美的流淌，

靠着大地甜美的胸膛。

一棵树，整天望着上帝。

抬起她多叶的手臂祈祷。

一棵树，在夏天可以穿上

她的头发上有一窝知更鸟。

在她的怀抱中，雪已经躺下了。

她与雨亲密无间。

第 1 章
真与美

诗是由像我这样的傻瓜写的。

但只有上帝才能创造一棵树。[9]

基尔默是新泽西人。1918 年第一次世界大战期间，他在西线被狙击手的子弹打死——他死于另一个人类同伴的手中，而不是死于自然母亲之手。

这给我们留下了什么反思？也许人类无处可去，也许人类无处不在。作为人类的一分子，作为一名科学家，作为一个地球居民，就我个人来看，宇宙最美丽之处可能就在于它的可知性。没有任何从天而降的石板写着这些信息，给出预告，但它就是这样发生了。对我来说，正是这种客观真理的集中体现，使宇宙本身成为宇宙中的最美丽之物。

第2章

探索与发现

塑造文明时两者的价值

怀疑论者常常认为太空探索是一种昂贵的奢侈品，而更倾向于优先解决我们在地球上的问题。几十年来，社会问题的清单似乎并没有什么变化，包括解决饥饿和贫困、改善公共教育、减少社会和政治动荡以及结束战争等。这些在任何新闻周期中都是抓人眼球的头条新闻，特别是当与美国政府每年在太空中花费的数百亿美元形成对比时，它们就更引人注意。这一话题在印度引起了激烈的争论，[1]这个国家最近加倍努力探索太空，其8亿公民却生活在贫困之中，其中一半的贫困人口生活在贫民窟，[2]这个数字比美国的全部人口还要多。奇怪的是，这些怀疑论者似乎从未想过我们是否应该同时进行两项工作：探索太空和解决社会现实问题。世界上具有挑战性的问题清单早在人类探索太空之前就已经存在了。

为了深入了解这一问题，让我们倒退3万年，“偷听”一下我们生活在洞穴的祖先的谈话吧。他们中那些有探索冲动的人向长老们请教，说:“我们想看看洞门外有什么。”明智的长老们集中讨论了一番，在权衡他们认为的风险和回报之后回答说:“不。我们必须首先解决洞里的问题，然后才有可能到洞外去冒险。”

在今天看来，这的确是一次荒谬可笑的交流。但对一个太空探险家来说，这与平日听到的那些“解决地球上的问题要优先于太空探索”的有关言论也差不多。关于我们洞穴祖先的最后一点说明是，他们呼吸着新鲜空气，喝着干净的水，他们吃有机植物和自由放养的动物——然而婴儿死亡率高得惊人，这让他们的平均寿命几乎不超过 30 年。所以，科学很重要。

来自宇宙的视角提醒你，地球只是一粒微尘，孤立于一个广阔而丰富的宇宙中。洞穴与地球本身有什么不同吗？在我们第一次访问月球之前，我们对月球的了解比任何 15—16 世纪的探险家对其目的地的了解都要多。我们对火星表面和火星车着陆地点的了解，比 12—13 世纪的波利尼西亚探路者对等待他们探索的太平洋岛屿的了解还要多，远远超出他们的海洋视野。我们花了几个世纪探索和绘制地球表面的地图，最终在

1820 年发现了南极洲。然而，我们探索太空的时间只有宝贵的几十年。

如果你走出洞门到外面旅行，可能就会发现有助于解决你在洞穴内的问题的答案。即使你想要怀疑这些答案的真实性，也需要具备开明的远见。你可能会发现多种多样的植物，可以作为药物。你可能会发现各种各样的材料——木材、石头、骨头，可以用来制作工具。你可以发现更多的水、食物和住所的来源。更重要的是，洞门之外还潜藏着洞察事物的视野，不仅有目的地，还有看待事物的新方法。你不需要科学家来告诉你这一点。美国作家 T.S. 艾略特曾经这样思考过：

我们将不会停止探索，
而我们所有探索的终点，
将抵达我们出发的地方，
并第一次认识这个地方。[3]

这是诗人所写的与宇宙观最接近的类似物。

部分问题在于，我们的线性思维使我们容易将问题简单化。这不是我们的错。我们习惯用加法和乘法的方式来思考，而没有进化的压力促使我们以指数形式来思考。指数是一个数字按照幂律的方式增长，由指数描述的数量和速率的上升（或缩小）速度可以超过我们正常的理解范围。举一个简单的例子：你可以选择现在收到 500 万美元；或者选择第一天收到 1 美分，然后每天翻倍，持续一个月。可能大多数人都会选择直接收到 500 万美元，对第二种选择嗤之以鼻。可是让我们认真思考一下：今天是 1 美分，明天是 2 美分，后天是 4 美分，大后天就是 8 美分……以此类推，一个月后你会有多少钱？计算一下就会发现，在第 31 天，你将得到 10737418.24 美元！而前 30 天的总和将使你的总额达到 21474836.47 美元。这就是指数的力量。

再举另一个例子：假设一种讨厌的藻类正在你最喜欢的池塘表面蔓延，这种生长是持续的，而且面积每天都在翻倍；一个月后，水面已经被藻类覆盖了一半，按照这个速度，还要多久才能让藻类覆盖整个水池？我们原始的、线性的大脑计算的结果或许是“一个月”，但实际的答案是只需要“一天”。

2008 年我们的经济体系的破坏性崩溃是由掠夺性的低息、浮动利率贷款引发的，这些贷款发向了不合格的对象。如果被批准贷款的人也能熟练掌握指数计算方法，这一经济危机是否会被缓和或者完全避免？他们会在瞬间意识到，任何猛烈的利率上升都会使他们破产，从而使他们在一开始就拒绝接受贷款。

想想我们有多少次在脑海里做过简单的线性计算：我们已经开了一个小时的车，现在我们在半路上，所以还有一个小时我们就到家了。这就是直接的线性思维。但是，天文学的话题远超过人类交通史的想象：

我们已经行驶了千分之一秒，
我们已经走了三百万分之一的路程，
所以离我们到家只有 2999.999 秒了。

然而，数百万、数十亿和数万亿的数字因子在宇宙中是很常见的。地球的球体是如此之大，以至于有些人（仍然）认为它是平的；但相比于太阳，它又是如此渺小。如果太阳是空心的，你可以把 100 万个地球倒进它的体内，仍然有剩余的空间。让我们继续深入讨论。50 亿年后，当太阳死亡时，它将经过一个被称为“红巨星”（Red Giant）的阶段，在这一阶段，它会膨胀到吞噬水星、金星的轨道，很可能还会吞噬地球。在那个时候，太阳已经膨胀到比现在大 1000 万倍，但太阳系——一直到海王星轨道以外的柯伊伯带（Kuiper Belt）的范围，还要比它大 100 万倍。宇宙视角的灵魂，它的精神能量，来自对这些天文测量尺度的拥抱。如果不能做到这一点，就会挫败人们对我们所生活的时间和空间深度的探索与尝试。

你还需要拥有面对真相的勇气，拥抱现代生物学和地质学。我们认为达尔文的进化论是缓慢得难以察觉的，这是因为我们最多只能活一百多年，而我们的大脑抵制这样一个事实，即物种变化可能需要比我们的生命长几千甚至几百万倍的时间尺度来展开。这就是我们在 6600 万年内从在霸王龙脚下奔跑的哺乳动物进化为人类的方式——在地球承载生命的 38 亿年中，这段历程只需要 1.5% 的时间。如此来看，你还觉得那是很久以前的事吗？还有什么也需要很长的时间呢？地质雕刻的地貌，如亚利桑那州的大峡谷和大陆漂移，在那里，地球上最大的陆地在地表移动的速度与你的指甲生长速度差不多。如果一个足球场的长度是宇宙的时间线，大爆炸在一端，此刻在另一端，那么人类所有的历史将仅仅占到此刻这端一片草叶的厚度。

关于陆地的探索和发现，长期以来一直与军事或殖民国家的土地掠夺联系在一起，恺撒大帝那句“臭名昭著”的拉丁语调侃就是一个缩影（约公元前 45 年）：

我来了，我看见了，我征服了。

这项活动还涉及在未知的、从未到过的地方插旗，如南极或珠穆朗玛峰的山顶。插旗活动还发生在其他一些地方——当地居民已经在那里迎接你了，这让人想起克里斯托弗·哥伦布在 1493 年第一次航行到加勒比海后写给费迪南德国王和伊莎贝拉女王的话:

我发现了许多岛屿，
有许多人居住在那里。
我通过公开宣布和展开国王的旗帜，
为我们最幸运的国王占有了所有这些岛屿。[4]

甚至阿波罗11号（Apollo 11）登月任务过程中也插上了一面旗帜——美国国旗，尽管它代表的含义与霸权主义历史上的任何其他标志都不同。

在这里，来自地球的人，

第一次踏上月球。

公元1969年7月，

我们为全人类的和平而来。

在人类绘制了地球地图和到访了月球之后，我们有关探索和发现的集体概念必须向太阳系和其他地方进一步扩展了。这项工作还包括创造新的思想、新的发明和新的做事方法。[5]有了传播思想的系统，如科学会议、同行评议的期刊和专利申请，每一代人都可以利用前一代人的发现作为新的起点。无须重新发明车轮，没有努力被浪费。这一直白而明显的事实带来了深远的影响。它意味着知识是以指数形式增长而非线性增长，因此根据过去预测未来变得十分滑稽。它还让你认为，所有出现在你生命里的那些惊人的发现和发明，都代表着你生活在一个特殊的时代——这就是指数增长的一个基本特征，每个人都认为自己生活在特殊时期，无论他们在曲线上处于什么位置。我们听到过多少次“现代医学的奇迹”这句话？现在回过头来看 50 年前，即便那时的医生包里装有可怕的工具和值得怀疑的治疗方案，人们也会为自己活在当下而非其他年代感到庆幸，那时的人们也会赞扬自己相较于 50 年前的进步。在呈“指数增长曲线”的岁月里，不会有人说:“哎呀，我们确实生活在落后的时代。”——不管它在后世看来实际上有多落后。

让我们借用一下美分和藻类的数学概念，看看有关科学探索和发现领域的“翻倍时间”会是多少。1995 年，当时我还在普林斯顿大学做博士后。某天，我突发奇想，觉得测量一下佩顿大厅天体物理学图书馆书架上的研究期刊墙可能会很有趣。一本在我的研究领域里十分杰出的刊物《天文物理期刊》（*The Astrophysical Journal*）占据了大部分的书架，为我探究“翻倍时间”的实验提供了完美的装备。这本刊物的创刊号可以追溯到 1895 年。我所做的实验就是找到这面墙的中间位置，并记录处于该位置的期刊的年份。我找到了，那是 1980 年。这意味着 1980—1995 年的 15 年里，发表的天体物理学研究论文数量与 1895—1980 年间发表的论文数量一样多。论文数量在 15 年的时间里翻了一倍，这个趋势会一直如此吗？我又找到了1895—1980年的中间点，即1965年。下一个中间点是1950年，接着是1935年，然后是1920年。这其中可能存在一两年的误差，因为随着时间的推移，《天文物理期刊》增加了页面大小。准确地说，我测量的应该是印刷页的面积，但这个练习的收获很明晰。

你可能会认为，学术界新兴的“不发表就灭亡”文化增加了发表（那些无聊的）论文的压力，人为地提高了研究人员的生产力。不，这是由研究人员数量的大幅增加和大型合作带来的生产力所驱动的。[6]我们发现，15年的翻倍时间与其他活跃的科学研究领域的步伐是一致的。

发明的情况又如何呢？美国专利商标局（The US Patent and Trademark Office，缩写为USPTO）从2010年到2020年共注册了约350万项专利，比1963—2000年近40年的注册量还多[7]——他们也在不断发展。

所有这一切让我想知道：现代社会的翻倍时间可能是多少？你将如何衡量它？作为科学的驱动力，探索和发现如何塑造了我们的生活？我不知道，我也无法知道，但我很乐意尝试推算一下。让我们以美国为例，看看自1870年以来，每隔30年的工业化世界运行情况，并比较每个间隔期开始与结束时的社会生活有何变化。

1870—1900年，交通方面有了很大的进步。蒸汽船以创纪录的速度横跨大洋。1869年，最后一颗“金色道钉”（golden spike）被敲响，完成了横跨美国2000英里大陆的铁路。这支撑了人们数十年来的流动性和扩张性。1883年，横贯欧洲大陆的传奇的东方快车（Orient Express）开始在巴黎和伊斯坦布尔之间进行长达1400英里的循环。铁路旅行使许多路线上的驿站运输被淘汰。19世纪80年代，德国工程师卡尔·本茨改进了内燃机，第一辆实用汽车因此诞生。英国发明家约翰·坎普·斯塔利完善了自行车的构造，现代人们熟悉的“安全自行车”（safety bicycle）就是他的功劳，它使用两个大小相同的车轮和一条联结后轮与踏板的链条。[8]在这段时间里，能够在空中运输的动力气球也得以面世。

1900年的日常生活对任何从1870年而来的人来说都是陌生的。

以下是一篇于1900年发表的、对2000年的未来进行预测的文章——每当一个新世纪开始，人们都爱做这样的事情。其副标题很巧妙，叫“未来的历史”（*The History of the Future*），有一个网站（paleofuture.com）专门进行这方面的预测。而同样盛行推测预言的还有《笨拙》（*Punch*）、《大西洋月刊》（*Atlantic Monthly*）、《科利尔》（*Collier's*）等杂志，不过它们只是对 1900 年所发生之事进行简单的线性推断。它们看到了电灯的前景，但想象它只用于特殊场合；它们热衷于飞艇旅行，想象着未来每个人都可以通过自己的私人气球移动，包括圣诞老人——毕竟，当人们有了飞艇，谁还需要神奇的驯鹿呢？还是那句话，人类是线性思维者，所以我们无法责怪任何一个人对未来的这些古怪想象。

《布鲁克林每日鹰报》（*Brooklyn Daily Eagle*）在 19 世纪的最后一份周日报纸上有一份 16 页的文章和插图的增刊，题为“百年后的事情将如此不同”（*Things Will Be So Different a Hundred Years Hence*）。来自多个领域的撰稿人——商业和军事领导人、牧师、政治家和其他领域的专家，对 2000 年的家务、贫穷、宗教、卫生和战争会是什么样子进行了讨论，他们十分看好电力和汽车的潜力。那份增刊里甚至还画了一张未来世界的地图，推测了美国联邦的国土面积涵盖从北极圈之上的土地到火地岛群岛的大部分西半球，以及撒哈拉以南的非洲、澳大利亚的南半部和新西兰。

大多数作家描绘了一个富于幻想的未来，并对当时的技术进行了扩展。可是有一位未来学家根本看不到未来——为纽约中央和哈德逊河铁路公司工作的乔治 · H. 丹尼尔斯窥视着自己的水晶球并预测:

20 世纪几乎不可能出现像 19 世纪那样大的交通改进。

这篇文章写于飞行发明的 3 年前，应该是有史以来最愚蠢的预测了。他没有像其他人一样简单地指出未来的不足，而是主动否定了未来的创新——而且是在他自己的领域。丹尼尔斯还在文章中设想了可负担得起的全球旅游和白面包在中国与日本的普及。然而，他根本无法想象什么可以取代蒸汽作为地面运输的动力源，更不用说比空气重的飞行器居然能在空中悬浮飞行了。即使这位担任世界上最大通勤铁路系统的经理站在 20 世纪的门口，恐怕他也无法看到汽车、火车头和蒸汽船以外的东西。他只是不知不觉陷入线性思维的又一个受害者。

1900—1930 年，原子的存在被证实。动力“航空”飞机被发明，飞行范围从 1903 年莱特兄弟驾驶原始的莱特飞行器飞行 120 英尺（约 36.6 米）的距离，扩大到 1930 年意大利飞行员翁贝托 · 马达莱纳少校和福斯托 · 塞科尼中尉闭路飞行纪录的 5218 英里。[9] 把目光转回地面上，我们学会了利用无线电波作为信息和娱乐的基本载体。城市交通几乎完全从几千年来文明的支柱——马匹驱动的经济转变为汽车经济，在这种情况下，你不可能送给别人一匹马。这一时期还发生了一场世界大战，飞机首次被用于战斗。1918 年 12 月 19 日，奥维尔·莱特在一封从俄亥俄州代顿市寄给纽约市美国航空俱乐部主席艾伦·R. 霍利的信中感叹了这一事实：

> 非常感谢你的电报，感谢你记得小鹰号首次飞行的 15 周年。虽然威尔伯和我本人都希望看到飞机更多地沿着和平路线发展，但我相信，在这场伟大的战争中使用飞机将鼓励它在其他方面的使用。[10]

与此同时，城市已经通电。人们在夜间阅读时，不再需要烧蜡、鲸油或任何其他火源。而在这段时间里，无声的黑白电影成为娱乐的主要来源。

1930 年的日常生活对任何从 1900 年而来的人来说都是陌生的。

1930—1960 年，我们从飞机以每小时几百英里的速度飞行，到1947年突破音障，再到太空时代的到来，部分灵感来自作为战时武器开发的弹道火箭。1957年，苏联发射了世界上第一颗人造地球卫星伴侣号（Sputnik），它以每小时1.75万英里的速度在近地轨道上飞行。1958年，世界上第一架成功商用的喷气式客机波音707在泛美航空服役，其翼展比莱特兄弟在1903年的首次飞行距离还要长。这一时期还发生了另一场世界大战，激光也被发明了出来。1945—1960年（仅仅15年的时间），伴随着火箭和亚轨道导弹技术的发展，核武器的破坏力增强了近4000倍，可在45分钟内将破坏力传递到地球表面的任何地方。我们还见证了电视和电影的兴起，电视是即时信息和娱乐的有力来源，我们也有了彩色有声的电影。

1960年的日常生活对任何从1930年而来的人来说都是陌生的。

1960—1990年，美国和苏联之间的核军备竞赛威胁着人类文明的生存。虽然始于20世纪50年代，但美国的核弹头储备在20世纪60年代达到顶峰，而苏联的储备则在20世纪80年代达到顶峰。[11] 1962年竖立的柏林墙成为温斯顿·丘吉尔“铁幕”的最大象征，将东欧和西欧分离，后又随着欧洲和平主义的兴起在1989年倒塌。晶体管的商业化使消费类电子产品得以小型化，将视听设备从沉重的、安装在地板上的客厅家具转变为人们口袋里的东西。激光器从价值数万美元的专业实验室设备变成了在沃尔玛结账时冲动购买的5.99美元的激光指示器。妇女大量进入劳动力市场，特别是在传统上由男性主导的专业型领域。一些周日报纸将“妇女版”更名为“家庭版”。现代同性恋权利运动随艾滋病席卷全球而进入人们的视野。直至1987年，同性恋才从美国精神病学协会编制的正式“精神疾病”名单中完全删除。[12] 计算机从昂贵的、房间大小的、专门用于军事和科学家研究的机器变成了桌面上的必需品。20世纪80年代由国际商业机器公司（IBM）和苹果公司（Apple）推出的个人电脑，永久性地改变了人们工作和娱乐的日常习惯。20世纪80年代的医院开始广泛使用核磁共振，医疗专业人员无须切开病人的身体就可以诊断其状况。

电影《回到未来2》（*Back to the Future Part II*，1989）想象了遥远未来（2015年）的生活。那时人们会拥有飞行汽车，每个人都想在未来拥有飞行汽车。电影中有这样一个场景，主角马蒂·麦克弗莱因为在视频通话中激怒了老板而被解雇了，这个坏消息当即通过3台传真通知了他——是的，他拥有不止一台传真机，毕竟如果人们在1989年就能人手一台传真机的话，那么在26年后的未来，每个人拥有3台不是什么夸张的事情。平心而论，对好莱坞来说，电影不仅是电影。1993年，美国电话电报公司（AT&T）发起了一个关于未来的广告活动，标题是“你会”（*You Will*）。其中有一个电视广告场景是这样的：一个人坐在海边的躺椅上，在平板电脑上涂涂画画，准备做一些我从不想做也从不需要做、从未做过也不会做的事情。此时，画外音吹嘘道：“你曾经试过在海滩上也能给别人发传真吗？……你会的。帮助你实现这些的公司，是AT&T。”

还有个例子。1960—1990年，我们建造了有史以来最强大的火箭，并随着它9次前往月球。在那里，我们绕行、着陆、行走、跳跃、打高尔夫球，并驾驶3辆电动越野车穿越其荒芜的尘土地带。我们还开发了可重复使用的航天飞机，并拨出资金建立了一个足球场大小的国际轨道空间站。哦，抱歉，这是3个例子。

1990年的日常生活对任何从1960年而来的人来说都是陌生的。

1990—2020年，我们绘制了人类基因组图谱。计算机变得便于携带，小到可以放在背包里。1989年，英国计算机科学家蒂姆·伯纳斯在瑞士欧洲核子研究组织（European

Organization for Nuclear Research，根据其法语全称缩写为CERN）发明了万维网（World Wide Web）——在20世纪90年代变得无处不在。到2000年，可搜索的网站和电子商务很普遍，每个拥有电脑并能上网的人都获得了一个电子邮件地址。在这一时期的早期，手机已经成为任何人离开家必带的物品，而且从2007年开始，口袋大小的智能手机迅速普及，允许全面访问音乐、媒体和互联网。智能手机进一步承载了无数提高日常生活的实用功能，包括一个可以拍摄高质量照片和视频的摄像头。智能手机可能是发明史上最伟大的一项发明。2020年，在一个拥有80亿人口的世界里，有30亿部智能手机，而这一数字在2007年之前是零。在1990年，倘若你向任何人展示智能手机，人们可能就会恢复烧毁女巫的法律，以消除你的魔法。

1996年，全球定位系统（Global Positioning System，缩写为GPS），一个完全由美国军方为美国国家安全创造的导航工具，正式向商业领域开放。当时，比尔·克林顿总统发布了一项政策指令，宣布GPS是一个双重用途的系统。导航工具迅速商业化，从追踪包裹到叫车服务，再到在你所在的4个街区内选择一个相互感兴趣的伙伴，无不涉及。在2000年，社交媒体平台改变了家庭、朋友，特别是政治的沟通格局。现在你可以开着电动车穿越美国，利用沿途4万个发电站中的任何一个充电，同时我们瞥见了电动自动驾驶汽车的曙光。还有几件事也值得顺带一提：曾经在街边随处可见的音像店几乎已经消失；CD和DVD出现了又消失；计算机现在已经足够聪明，可以在电视智力问答节目《危险边缘》（*Jeopardy!*）、棋类游戏以及其他需要脑力的游戏中击败人类。而这句话，在2020年有明确的现实意义：

谷歌一下，看看是否有一个4K的智能手机自拍视频被发布到油管（YouTube）上，并在网上疯传。

对生活在1990年的人来说，这句话充满了神秘的名词和动词，没有任何意义。

在未来，你可以登上一个100吨的带翅膀的加压铝管，坐在软垫椅上以每小时500英里的速度，在地球表面31 000英尺以上平稳飞行。在旅行的大部分时间里，你可以上网看100部电影中的任何一部，还有专人提供餐饮，几个小时后你就可以安全地落地，甚至还来不及抱怨刚刚吃完的意大利面酱不符合你的口味。

社会进步如此飞速，难怪在美国这样的地方，长者的智慧只具有微弱的影响力。这在很大程度上也是造成几代人在感恩节晚餐上气氛紧张的主要原因。对于你的大学专业应该是什么、应该找什么工作、买什么车、吃什么药、讲什么笑话以及吃什么食物，他们的建议可想而知，往往是不合时宜的。除非你碰巧住在世界上令人羡慕的“蓝色宝地”（Blue Zones）之一，那里的人通常能活到 100 岁。如果你住在那里，那就做那些长者告诉你的一切吧，尤其是听那些（可能）没有住在山洞里的长者的话。毕竟，你的长辈可能比你有更多的智慧来驾驭人类的情感，如爱、善良、正直和荣誉感，这仍然是世界上为数不多的不变规律之一。

如今，我们对 21 世纪中叶（2050 年）可以期待的事物进行了疯狂的预测。可以确信的是，如果事情像过去 150 年来所形成的模式发展，那么我们的预测一定会失败。也许在某种程度上这是件好事，因为最近涌现的大多数关于未来的预测都是黯淡的。许多人都预言了气候变化的末日。有些人担心病毒灾难的杀伤力会远超 2020 年新型冠状病毒（COVID-19）大流行病造成的 600 万人死亡；还有人担心，人工智能将摆脱其虚拟的盒子，最终成为我们的霸主。电视和电影中的僵尸末日使人身临其境。一位粉丝曾问20世纪的科幻小说家雷·布雷德伯里：为什么他想象出了一个黯淡的未来，文明是注定要毁灭的吗？雷·布雷德伯里则回答说："不，我写这些只是为了让你们知道如何避免走向那样的未来。"[13]

因此，当有人暗示或宣称他们对2050年的世界状况有任何线索时，我都会反思我们对人类未来30年的预测能力。一切历史都不是线性的。自然界的发现之河以指数形式增长，有新出现的洞察力和知识的支流注入，保证让任何未来学家感到尴尬。但这并不能阻止我去尝试。当我在20世纪60年代第一次看到电视剧《星际迷航》时，我完全接受了一个由曲速驱动器、光子鱼雷、相位器、传送器和外星人组成的未来，但同时我也断定："不，一扇门不可能在你接近它时知道为你打开。"所以，是时候让自己成为一个未来的傻瓜了。

到2050年……

- 神经科学和我们对人类心灵的理解将先进到精神类疾病可自行治愈的程度，心理学家和精神病学家将面临失业。

- 在一个与20世纪初从马匹到汽车的快速转换相呼应的转变中，自动驾驶的电动车将完全取代路上的所有汽车。如果你想再次体验你看中的内燃机跑车，你可以在专门设计的轨道上行驶，类似于在今天的骑马场骑马。
- 人类太空计划将完全过渡为一个太空产业，不是由税收支持，而是由旅游业和人们梦想在太空中做的任何其他事情支持。
- 我们会开发出一种完美的抗病毒血清并治愈癌症。药品将根据你的DNA进行定制，不会产生任何副作用。
- 我们将抵制将计算机的电路与我们大脑回路合并的冲动。
- 我们将获得再生失去的肢体和失效的器官的功能，并达到地球上其他再生动物的水平，如蝾螈、海星和龙虾。
- 人工智能不会成为奴役我们所有人的霸主，而是成为服务于我们日常生活的科技基础设施的另一个有用功能。

是什么在推动这一切？当我们想到文明时，我们通常会思考工程和技术是如何塑造我们的生活。再深入一点，就会发现正在进行的科学探索使这一进步得以实现并赋予其力量。19世纪热力学的进步使工程师对能量和热量有了必要的了解，从而设计并完善了他们的发动机。大约在同一时间，电磁学的发现为所有关于如何创造和分配电力的想法提供了信息。爱因斯坦分别在1905年和1916年提出狭义相对论与广义相对论，最终提供了GPS卫星计时所需的精度，以及关于我们宇宙的无数其他非凡启示，从太阳如何产生能量到大爆炸本身。20世纪20年代的量子力学成为所有现代电子学的基础，特别是数字信息的创建、存储和检索。材料科学是一项不断探索新的合金、复合材料和表面纹理的事业，已经改变了我们在工业化世界中看到的、触摸到的、穿戴的和使用的一切。这些领域中的每一个分支都代表了相应的物理学科分支，科学家们在研究论文中报告的发现曾经出现在书架上的杂志中，现在则显示在1990年还未出现的互联网上。

是的，我们生活在特殊的时代，只是因为这一切都很特殊，这让人想起几千年前写于《传道书》（Ecclesiastes）中这段尽管目光短浅但经常被引用的经文：

第2章

探索与发现

已有的事，后必再有；

已行的事，后必再行；

日光之下，并无新事。[14]

你只能在前科学时代设想出这句话——在指数还没有被想象出来的年代，在有人从洞穴的黑暗中走出来开始探索之前。而今天，在太阳、月亮和星星之下，这一切都是崭新的，唯一不变的是指数变化的速率本身。

第3章

地球与月亮

拥有一种宇宙视角

27名宇航员通过“阿波罗计划”强大的土星5号运载火箭（Saturn V），离开地球前往约40万千米外的月球。除了那些少数为哈勃太空望远镜和美国太空探索技术公司（SpaceX）部分旅游项目服务的人，其余500名在地球轨道上航行过的宇航员从未到过海平面以上约400千米的高度。这个距离比从巴黎到伦敦略远，相当于从伊斯兰堡到喀布尔、从京都到东京、从开罗到耶路撒冷、从首尔到平壤。如果你是一个有点路痴的美国人，你也可以这样理解：这个距离比从纽约市到华盛顿特区还要远一些。如果你哪天手边正好有一个学校发的地球仪，你可以在上面找找这些城市，它们彼此之间的距离大约为一厘米。这意味着，这些年来我们所谓的“太空旅行”，就是宇航员在地球仪上空一厘米高的轨道上大胆地航行，前往那些曾有数百名同行去过的地方；如果你径直前进并且遵守地面速度限制，你可以在不到4小时的时间内开车到达那里。

虽然在我看来，地球低轨道的高度不算太远，但即使是在这些距离也可以提供开阔的视角。如果不是通过双筒望远镜或高分辨率相机来观察，在轨道上几乎无法辨认人类文明。是的，从高空看，城市的灯光可以很醒目，尽管并不比从飞机上看更醒目。不过，你看不到中国长城，也看不到美国州际公路；你只能勉强看清胡佛水坝和埃及大金字塔。人类眼脑组合的分辨率约为1弧分[①]。被大力吹捧的苹果视网膜显示器成功尝试创造出了比你的眼睛所能分辨的更小的像素，在你与显示器的正常距离上，它可以分辨比1弧分还要小的细节。在这种分辨率下，眼脑系统看不到任何像素颗粒，为图像带来前所未有的清晰度和锐度。这相当于在1.0的视力下，隔着一个足球场的长边距离看清一个核桃。哈勃太空望远镜的视力比1.0更好，它的军用版本是向下看而不是向上看，可以在160千米的距离之外分辨出一个核桃的大小。

从太空看向地球轨道，我们只能看到一两处人造结构，而其他一切可以分割我们的东西——国界、政治、语言、肤色、

① 量度角度单位，又称角分，1弧分合0.016666666度。——编者注

你崇拜的人，都是看不见的。人类地图上的颜色划分，为国家提供了鲜明的标识，用于说明谁不属于我们，从而有助于识别我们的盟友或敌人。NASA 宇航员迈克·马西米诺是一名工程师，维护哈勃太空望远镜是他的航天任务之一，他曾在回忆录中惊异地写下自己从太空看地球的感受：

当我在太空漫步并俯视地球时，我脑海中闪过的念头是："这一定是从天堂看到的景色。"然后它被另一个想法取代了："不，这就是天堂。"[1]

迈克每次分享这一经历时都会泪眼蒙眬。他去的地方比国际空间站还要高一点。哈勃太空望远镜在 340 英里高的轨道上运行，相当于位于地球仪上方 1.3 厘米（约半英寸）处。迈克还是走得足够远，所以才得以通过宇宙视角而非地缘政治角度来看地球——这是"概览效应"在起作用。而在地球上，在那些受压迫的人、与邻居发生冲突的人、因饥饿而发愁的人之中，又有多少人会认为地球是天堂呢？从宇宙视角回到地球视角，我们会改变与自己所在的这颗星球以及与人类同胞的关系。

事实证明，世界上有两个地区确实可以从太空中识别出国家的边界，就像地图制作者自己画的一样。其中一个地区有着鲜明的分界线，一边是绿色的田野，另一边是棕色的沙漠；而在另一个地区，一边是被城市灯光照耀着的夜晚，另一边则是深邃而黑暗的地面。这类明显的分界一般出现在山脉或者其他一些广泛的自然屏障上。这两个地区则全然不同，它们的边界锐利而清晰，揭示了边界两侧资源分配的不均衡——一方管理着丰富的自然景观，而另一方却资源贫乏。

为什么会这样？

在上述第一个可以从太空中识别出边界的地区中，田野和沙漠的边界位于中东地区，在以色列和加沙地带之间，在以色列和约旦河西岸的大片地区之间——这些地区的政治紧张局势从未停止。以色列的人均 GDP（Gross Domestic Product，国内生产总值）[①] 是巴勒斯坦的 12 倍。

第二个地区中，明和暗边界位于东亚地区，在韩国和朝鲜之间。韩国的人均 GDP 是朝鲜的 25 倍，这是世界上另一个政治局势持续紧张的地区。

---

① 本页出现的各国 GDP 信息来源于 2021 年 7 月 8 日世界实时统计数据网站“世界计数网”（Worldometer）上的当日数据。——作者注

这种鲜明的视觉差异不一定是不同地缘政治的国家边界，也可以是国家内部划分出的被征服的区域。1992 年，在我第一次访问南非期间，也就是在纳尔逊·曼德拉当选总统的两年前，有一天我在夜晚飞往约翰内斯堡，在通往目的地城市的漫长航行中，我注意到一大片地面，那里与旁边区域之间界限分明，没有从室内照射出的灯光——我想，那里显然是一处湖泊。晚上从飞机上俯瞰湖泊就是这个样子。一周后，我在白天坐飞机返航，这时地面完全被照亮了，原来我那天晚上看到的根本不是湖，而是索韦托的大部分地区——一个没有通电的约翰内斯堡的全黑人棚户区。那里的夜晚没有照明，确切地说，是一天中的任何时间都没有，他们也没有冰箱和其他电器。我曾经从书中了解过这些，但是当我从空中面对它时，剥去细节，我看不到政治、历史、肤色、语言、偏执、种族主义和抗议活动。相反，我被一个更简单的想法困扰了：作为一个物种，我们可能并不具备未来所需的成熟或智慧，以确保文明的存续。

第3章
地球与月亮

让我们再升高一些，让我们一直走到月球上吧。太空爱好者之间偶尔会分享这样的调侃：

如果上帝希望我们有一项太空计划，

他就会给地球一颗卫星。

这是对推动太空探索之颠覆性的深刻评论。请注意，离我们最近的行星邻居金星，根本就没有卫星。我们下一个最近的邻居火星，有火卫一和火卫二两颗小卫星。这两颗卫星的形状都像土豆，小到可以轻易地放入大多数城市的边界。而另一方面，我们的月球比冥王星大 50%，是太阳系中第五大卫星。因此，地球在抽取自己的“卫星盲盒”中表现良好，为无畏的探险家们提供了一个梦想中的目的地。

如果航天飞机和国际空间站的轨道在地球仪上方 1—1.3 厘米内，那么我们只能在“隔壁教室”找到月球了，那里距离这个地球仪 10 米远。这就是为什么火箭到达地球轨道只需要

8 分钟，而阿波罗飞船到达月球却需要整整 3 天。

1968 年 12 月，阿波罗 8 号（Apollo 8）传来了地球在月球地平线上升起的开创性照片——你知道那张照片，这是人类有史以来第一次离开家园前往另一个星球的探索。从深空看去，整个地球被暴露无遗。就像宇宙希望你看到的那样：一个由陆地、海洋和云层组成的脆弱的联合体，在虚无的太空中孤立和漂流，没有任何人或任何东西来拯救我们。这种展望比全景效果高了几个境界，代表了宇宙视角的真正开端。

月球天空中的地球比地球天空中的月球大了近 14 倍。地球的反照率是月球的 2.5 倍左右，当然，实时的准确数值会随着云层的变化而变化。因此，从月球上看满地球比从地球上看满月要亮 35 倍左右。与 NASA 从轨道上的阿波罗 8 号指令舱拍摄的地球升起照片所显示的不同，站在月球的正面看，地球从未离开天空；站在月球的背面看，你可能根本就不知道地球的存在。

阿波罗 8 号没有登陆月球，这让他们被遗忘在阿波罗 11 号的尼尔 · 阿姆斯特朗、巴兹 · 奥尔德林和迈克尔 · 柯林斯的光环之下。阿波罗 8 号在返回地球之前“只是”绕着月球转了 10 圈。以前没有人在如此遥远的位置上看见过地球。他们的任务从12月21日发射持续到12月27日落地。阿波罗8号的成功为1968年这一年画上了句号。这是美国自一个世纪前的独立战争以来，最混乱的10年中最血腥的一年——在越南战争期间，1968年死亡的美国人和越南人比其他任何年份的都多。在这一年里，2月发生了“春节攻势”，3月发生了臭名昭著的“美莱村惨案”，4月马丁·路德·金遇刺，6月罗伯特·弗朗西斯·肯尼迪被暗杀，随后城市和大学校园里出现了持续的暴力抗议活动。

有人说阿波罗8号挽回了1968年，[2]我更愿意说是阿波罗8号挽救了它。

请注意，阿波罗8号的旅程覆盖了圣诞假期。在圣诞节前夕，仍在绕月轨道上的3名宇航员——比尔·安德斯、詹姆斯·洛弗尔和弗兰克·波曼，轮流诵读詹姆斯国王版《圣经》中《创世记》（Genesis）的前10个小节。你可能对其中的一些段落甚至全部内容都已经很熟悉了。

诵读从安德斯开始：

我们现在正接近月球的日出，

对所有回到地球的人来说，

阿波罗8号的机组人员有一个信息，

我们想发布给你们。

起初，神创造天地。

地是空虚混沌，渊面黑暗。神的灵运行在水面上。

神说，要有光，就有了光。

神看光是好的，就把光暗分开了。

洛弗尔继续读:

神称光为昼，称暗为夜，有晚上，有早晨，这是头一日。

神说，诸水之间要有空气，将水分为上下。

神就造出空气，将空气以下的水、空气以上的水分开了。

事就这样成了。

神称空气为天，有晚上，有早晨，是第二日。

波曼准备迎来尾声:

神说，天下的水要聚在一处，使旱地露出来。事就这样成了。

神称旱地为地，称水的聚处为海。神看着是好的。

我们是阿波罗8号的宇航员，

我们以晚安、好运、圣诞快乐作为结束语——

上帝保佑你们所有人，

你们所有在美好地球上的人。

来自宇宙的视角可以让你这样做，特别是当你有宗教信仰的时候。在地球上，为了回应这篇从月球传来的圣经读物，热心的美国无神论组织的创始人、著名的无神论者玛达琳·默里·奥海尔起诉联邦政府，指责它违反了美国宪法第一修正案中“国会不得制定关于建立宗教的法律”的部分。该诉讼在各级法院被驳回。由于没有法律专业知识，我无法评论她的诉讼是否合法，但我对诉讼本身的存在有些想法。当时我只有10岁，但如果是今天的我遇到当时的玛达琳，应该会有如下对话：

尼尔：你曾经被绑在土星5号火箭上，以4000吨的推力被送到40万千米外的深空，在圣诞夜从月球轨道上见证地球升起吗？

玛达林：没有。

尼尔：那就闭嘴吧。

肩负着探索月球的重任，我们开启了 9 次阿波罗登月任务（1968 年 12 月—1972 年 12 月）中的第一次。但就在探索月球的同时，我们回头看，第一次发现了地球。在那张“地球升起”的照片流传开来后，人们的思想转变了。作为一颗行星，地球的重要性是不言而喻的。如果当地的河流或湖泊被工厂的污水污染，你可能会感到愤怒并试图做些什么。但是，“把整个地球作为一个整体的生态系统来考虑，而不仅仅看重和你的生活有关的那部分”还没有成为人类的优先事项，甚至没有成为一个想法。

在美国，重要的思想种子早在 1872 年就已埋下。国会将怀俄明州的黄石公园指定为第一个国家公园，随后泰迪 · 罗斯福总统于 1906 年颁布了保护自然和其他历史遗迹的古物法，伍德罗 · 威尔逊总统于 1916 年颁布了国家公园服务法案。现在让我们快进到 1962 年海洋生物学家蕾切尔 · 卡逊最畅销的《寂静的春天》（*Silent Spring*）的出版，这本书本身就是对农业中大量使用杀虫剂的后果——特别是双对氯苯基三氯乙烷（通常缩写为 DDT，俗称滴滴涕）对环境影响的警醒。这本书的内容和成功促使约翰 · 肯尼迪总统要求他的科学咨询委员会研究这一问题。而在 1969 年初，美国经历了一次令人讨厌的漏油事件，多达1.6万立方米的原油污染了加州富裕的圣巴巴拉县的水域和海滩。[3]

到1970年，我们已经准备好了拯救地球。9次阿波罗登月任务的全过程从1968年12月持续到1972年12月。在那段时间里，美国仍在与苏联“冷战”，在越南则进行“热战”。美国的校园骚乱持续不断，最终在1970年肯特州立大学枪击事件中达到高潮，手无寸铁的反战抗议者被俄亥俄州国民警卫队枪杀，9人受伤，4人死亡。[4]美国显然有更加迫切的实际问题需要解决。然而，我们选择停顿下来，反思了我们与地球的关系。

表3-1所示为一份行动清单，其速度、范围和任务都是前所未有的，它们都发生在1968—1973年，远远早于世界上其他工业化国家通过相应立法的时间。

我还想对此表格做一些补充说明。《哭泣的印第安人》（*Crying Indian*）是关于不要向车窗外扔垃圾的情感呼吁，并成为那个时代最为知名的公共服务公告之一（尽管其中身着美国原住民服装而流泪的演员实际上是意大利人的后裔）。我把人道主义组织无国界医生（Doctors Without Borders）的成立包括在内，是因为如果没有从宇宙视角看地球，“无国界”的概念可能就不会出现，而是被理解为国际医生或跨越国界的医生。官方的地球历史没有提到“阿波罗计划”或从太空看地球的图像，只是宣布蕾切尔·卡逊1962年的著作为1970年美国第一个全国地球日（National Earth Day）的开幕式庆祝活动打下了基础。[5]此外，来自太空的地球图像成为《全球概览》（*Whole Earth Catalog*）可爱和持久的象征，阿波罗17号（Apollo 17）在1972年12月从月球返回时拍摄的完整地球图像成为地球日的一面非官方旗帜。

表3-1　行动清单（1968—1973年）

行动	时间
阿波罗11号成功发射（人类第一次在月球上行走）	1969年
美国《清洁空气法案》（Clean Air Act）通过	1970年（1963年、1967年也发布过早期版本）
美国第一个全国地球日设立	1970年
美国国家海洋和大气管理局（National Oceanic and Atmospheric Administration，缩写为NOAA）成立	1970年
《全球概览》出版	1968—1972年（陆续再版）
美国环境保护局（Environmental Protection Agency，缩写为EPA）成立	1970年
《哭泣的印第安人》公共电视广告首次播放	1971年
无国界医生组织在巴黎成立	1971年

续表

行动	时间
双对氯苯基三氯乙烷农药被禁用	1972年
美国《清洁水法案》（Clean Water Act）通过	1972年
阿波罗17号成功发射（这期间的最后一次“阿波罗计划”登月任务）	1972年
美国《濒危物种保护法》（Endangered Species Act）通过	1973年（1966年、1969年也发布过早期版本）
第一个用于汽车的催化器发明	1973年
第一批无铅汽油排放标准实施	1973年

人们永远无法确定人类行为的细微或不细微的原因和影响。而在我可以理解的范畴看来，“我关心地球”（I-care-about-Earth）运动原则上可以追溯到1950年或1960年。那时的环境问题并不少，例如，洛杉矶盆地的空气污染。由于汽车的兴起，再加上当地地理环境造成的不幸的逆温现象，洛杉矶在20世纪四五十年代成为地球上污染最为严重的城市之一。[6] 1962—1963年，蕾切尔·卡逊的书在《纽约时报》（*New York Times*）最佳销售榜上停留了31个星期。这本来是治理环境问题的理想时机，但肯尼迪在1963年被暗杀，卡逊不幸在1964年死于癌症。1963—1969年，总共有4份跨越3位总统的政府报告，每一份都探讨了杀虫剂对农作物和人类健

康的影响，每一份都呼吁逐步淘汰 DDT。[7] 在 1969 年的圣巴巴拉漏油事故之前，1962 年 12 月—1963 年 1 月发生的更大的漏油事件影响了密西西比河和明尼苏达河岸。[8] 不过，我们都因其他事情分心了。大众的环境意识可能是等到 1975 年越南战争结束后，或者到 1990 年柏林墙倒塌之后才觉醒的。不，这一切都发生在我们的阿波罗登月任务期间——与此同时，伟大的工程慢慢落幕，为我们所有人进行了名副其实的固件升级，让我们的集体关怀能力得到了提升。

除了作为我们在太空中到访的第一个目的地，月球在世界文化中亦享有非凡的价值。月相周期为中国农历、伊斯兰历和希伯来历提供了计算时间的依据。此外，满月在日落时分升起，在日出时分落下，物理学上的反射率使它们比半个月亮实际上看起来亮 6 倍（多么令人惊叹），所以它们可以在整个夜晚为人类提供很好的照明。还有人认为月亮对人类行为产生了神秘的影响，特别是在满月期间。

提问的艺术是科学素养一个重要的方面。如何思考和如何询问比知道什么更重要。通常情况下，只要按照正确的顺序提出正确的问题，答案自然就会显现出来。

每个人都听说过满月会把我们中的一些人变成狼人的传说，但是为什么在这些传说中，当人们在地下室或者完全阴暗的环境时，就不会变成狼人了呢？你不能透过云层看到满月，并不意味着月亮不在那里。因此，一定是光线将你的基因特征暂时转换为野生犬类的特征。撇开这种在生物学和生理学上不可行的说法，你知道月光只是反射太阳光吗？只要我们看看月光的光谱，就能发现它与太阳的光谱完全相同（我在八年级的科学展项目中用我全程自主制作的光谱仪证明了这一事实，我还因此获得了比赛的第2名）。这意味着，如果月亮能够在晚上把你变成狼人，那么太阳在白天也能。

有些人认为，在月圆之夜出生的婴儿比其他任何时段出生的都多。不过除了传说，并没有统计学证据支持这一说法，而且相对于其他阶段，满月对地球（或对人类）没有施加额外的引力。好吧，抛开这些不谈，让我们只是继续追问问题：当婴儿出生时，产床是否正对着天空中的满月？如果是的话，似乎确实是月亮的帮助把婴儿从子宫里拽了出来。不过据推测，在所有医院的产房里，分娩台的方向是随机的。

即便我们假设其中一些分娩台在分娩过程中确实会面对满月，在这些情况下，任何额外的月球引力也只会施加在相反的方向，使婴儿留在母亲的子宫里导致生产推迟，而不是加速生产。

如果不是“月心引力”的作用，那么也许是某种神秘的力量在运作，比如，那些还没被发现的科学的方法和工具？新的科学领域总是有趣的，很容易诞生诺贝尔奖，但我们不要太过激动。让我们继续追问问题：人类的妊娠期有多长？医生会告诉你 280 天（40 周），这并不完全正确——那是指从末次月经周期开始计算的天数，几乎没有人在那时怀孕，你可能在两周后的排卵期就已经怀孕了。因此，制造一个足月人类婴儿的实际时间是 280 天减去 14 天，即 266 天。而月亮在其各个阶段循环一次（从一个满月到下一个满月）所需的时间平均为 29.53 天，9 个这样的周期就是 266 天。这很有趣。这意味着，一个足月的婴儿在子宫里发育需要大约 9 个月亮周期。因此，在满月下出生虽然听上去很浪漫，但那只是意味着你可能在满月下受孕。我们并不需要用新的物理学、神秘的力量或超自然事件来解释这个结果，理性的探索就足以让我们探究清楚原因。

第 3 章
地球与月亮

月亮影响着地球上的水域，在满月期间，海洋潮位特别高。生物学家告诉我们，我们身体的大部分是水，海洋也是如此。那么，如果不是为了把我们变成疯子的话，满月的潮汐力肯定也会以某种方式影响着我们。在地月系统中，地球朝向月球的一面比较近，所以它感受到的引力比另一面的略强。这就产生了一个横跨地球直径的拉伸力，在我们的海洋潮汐中最为明显，但固体地球也会经历这种拉伸。请注意，这个关于地球上月球潮汐的描述没有提到月相，这是因为月球潮汐的强度与月相无关。满月获得最高的潮汐不是因为月亮，而是因为太阳。地球上的太阳潮汐强度大约是月球潮汐强度的三分之一，但几乎没有人谈论它们。在满月期间，太阳的高潮位直接增加了月球的高潮位，给人一种错误的印象，即满月带来了额外的引力影响。

让我们换一种方式来思考这个问题：月球在你头部直径上的潮汐力与月球在地球直径上的潮汐力相比如何？像地球一样，在任何时候，你的头都有一侧较接近月球，感受到的重力比另一侧强。现在想象一下，假如你的鼻梁是一个直径为 7 英寸的海水球，那么月球的潮汐力会对它造成多大的扭曲？计算一下，结果大约是万分之一毫米。这大大低于你晚上睡在枕头上时，你自己10磅重的头对它造成的变形。然而，没有人写出关于你使用什么品牌的枕头，或者你的头可能有多宽的狼人故事。如果这个睡前的例子太抽象，就想象一下把你的头塞进老虎钳里，让你的朋友把它拧紧到10磅[①]的力量，每天晚上如此。

在“月球盲盒”中表现出色的一个“惊喜款”是，太阳比月球宽400倍，而太阳与我们之间的距离恰好是地月距离的400倍左右。这种纯粹的巧合使我们在地球上看向太空时，觉得太阳和月亮的大小差不多，从而使壮观的日食得以发生。但情况不总是这样，在遥远的将来也不会如此。月球正以每年约3.8厘米的速度螺旋式远离地球。因此，让我们在有机会的时候尽情享受这种大自然的神奇吧。每隔几年，月球就会正好从地球和太阳之间经过，精确地覆盖太阳，使天空变暗，并短暂地暴露出太阳华丽的外层大气，称为日冕。太阳系中再没有其他行星和月亮的配合可以与之媲美了。

① 磅，英美制质量或重量单位，1磅约为0.4536千克。——编者注

第3章
地球与月亮

食相引领着一长串天象，不可抗拒地吸引着我们。太阳、月亮、行星和其他星星影响着我们个人的想法，人们称之为占星术，可以追溯到很久以前，还有人称它为世界上第二古老的职业。当我们每天看着天空围绕着我们旋转时，我们会产生各种不同的想法。例如，某些星座每年秋天在黎明前升起，而那正是你的庄稼准备收获的时节。显而易见，整个天空的穹顶，无论白天还是黑夜，都在慈爱地照顾着你的需求和愿望。

在这种心态下，天空也预示着你、你的文化和你的宗教可能渴望或害怕的事件。几年前，我在纽约海登天文馆的办公室接到一个电话，一位女士正在翻找她已故父亲的私人物品，其中包括她一位远祖的日记——是一位新英格兰的定居者，他描述了他的家人通过有篷马车迁移到新家的过程。日记中还焦急地描述了正午时分天空迅速变黑的情况。这个家庭的族长非常担心这意味着在没有任何警告的情况下，“第六印”（the sixth seal）[9]已开启，《启示录》（Book of Revelations）中的一个圣经预言正在进行：

> 当他打开第六印的时候，我看了看……
>
> 太阳变得黑如麻布，月亮变得像血。

他停下马车，催促全家人下跪祈祷忏悔，并准备好迎接他们的造物主。这个打电话到我办公室的人想知道她的祖先是否在不知不觉中描述了一次日全食。我询问了日记的日期，她不太确定，只知道这次旅行是在19世纪初。好在我有一个专门为这种紧急情况准备的软件，我将时间定位在1806年6月16日的中午，并确认他们当时是在马萨诸塞州。按理说，在19世纪初，任何接受过一点教育的人在目睹日全食时都不会误解成什么神秘现象。因此，唯一可能合理解释这是一次乌龙事件的情况是：马车的位置刚好完全被云层覆盖。当我们把天空莫名其妙地变暗与一个深具宗教信仰、熟读《圣经》的基督徒结合起来，在那时选择恳求上帝的怜悯就不奇怪了。没有了云层，日食就成了全家人的教育奇观。

27年后，1833年11月13日的黎明前，一年一度的狮子座流星雨（Leonid meteor shower）特别令人难忘。整个北美地区都可以看到那场流星雨，每小时有超过10万颗“星星坠落”，相当于每秒钟坠落30颗。通常一场流星雨可能平均每分钟坠落一颗，所以这次狮子座流星雨是一场惊人的爆发。我们把如此强烈的流星雨称为“流星暴雨”（meteor storms），这是由于地球在围绕太阳运行时，穿过了比正常密度更大的彗星碎片。构成狮子座流星雨的坦普尔－塔特尔彗星（55P/Tempel-Tuttle）的碎片并不比豌豆大。但是在以每小时4万千米的速度与地球大气层相撞时，它们燃烧了起来，形成条纹状的光，在黑暗的天空中可见。当时，未来的总统亚伯拉罕·林肯年仅24岁，寄宿在伊利诺伊州，与一位当地长老会的执事共同生活。在目睹了这一令人难忘的宇宙景观后，执事迅速唤醒了林肯，宣布道："起来，亚伯拉罕，审判的日子已经到来！"执事的这一结论来自《启示录》中关于世界末日的经文：

天上的星星落在地上，
就像无花果树被大风摇动，
就落下未成熟的无花果。[10]

诚实的亚伯拉罕，这个自学成才、终身学习的人，虔诚地走到外面，仰望夜空。利用掌握的天文学知识，他注意到所有的大星座都还在那里，完好无损——大熊座、狮子座、金牛座、猎户座。总之，不管坠落的是什么，都不是星星。所以他理性地得出结论：《圣经》中的厄运预言并没有发生。[11]之后他便迅速回到了床上。

关于宇宙的知识和某些观点，将我们的自我与天空中发生的一切联系起来，但又促进了我们对所做一切的责任感，防止我们将尘世的事务归功于或归咎于天空。莎士比亚笔下的《恺撒大帝》（*Julius Caesar*，1509）这样说：

亲爱的布鲁特斯，错不在我们的星星，

而在我们自己身上，因为我们是凡人。

1994年，卡尔·萨根出版了《暗淡蓝点：探寻人类的太空家园》（*Pale Blue Dot: A Vision of the Human Future in Space*），[12]灵感来自1990年旅行者1号（Voyage 1）太空探测器在穿越海王星轨道后拍摄的一张地球照片。那一刻被定性为外星访客与我们太阳系行星的第一次相遇，他们从另一个方向而来。地球在那张图片中几乎只占一个像素，这幅景象鲜明地提醒人们，我们在宇宙中是多么渺小。在他的书中，卡尔诗意地描述了当地球被视为一个暗淡的蓝点时，它是多么脆弱和珍贵。即使我们的下一代没有受到“地球升起”照片的影响，暗淡的地球照片也是对他们思想的最好的更新。在任何情况下，人们都可以把它看作地球的第一张自拍。

其他可能与“地球升起”相媲美的宇宙启示包括发现我们在宇宙中并不孤单。这可能预示着人类生存状况的变化，我们无法预见或想象结果如何。有一种诱人而又可怕的极端情况是，我们可能只存在于一个计算机模拟的程序中，这个程序由一位仍住在父母地下室的天才外星少年编写。又或者，我们可能会发现地球只是一座动物园、一座为外星人类学家的娱乐而建造的字面意义上的日光浴室或水族馆。更进一步说，也许我们的宇宙——包括可观测到的宇宙中的千亿个星系及星系中的千亿颗恒星，都只不过是某个外星生物地幔上的一个小小雪球而已。

上述所有这些事例都在表明：宇宙不再提醒我们要更好地照顾自己的命运了，宇宙只是在宣布我们是一种更高级生命形式的玩物。这可能是个可怕的结果。但是我们对自家猫狗的照顾也通常比对街上的流浪汉更好，如果我们只是外星人的宠物，他们对我们的照顾真的会比我们对自己的照顾更好吗？

冲突与解决方案

人们内心的部落力量

一个有效的民主制度的特点之一，是我们可以在不互相残杀的情况下提出不同意见。而当民主制度失败的时候会发生什么？当我们对与自己相异的观点毫不宽容时，又会发生什么？[1]我们是否渴望生活在这样一个世界：所有我们认为正确的道德准则、价值观与判断，都是真理且不可动摇？

让我们掀开上述这些冲突的面纱，找到冲突背后的政治和宗教的操纵者。我们往往会被警告：这两个话题不应该在体面的场合讨论。政治与宗教在挖掘深刻的人性方面有很多共同之处。当人们的分歧严重时，这两个话题都可能引发流血和全面战争。

在第二次世界大战期间，所有交战国的伤亡数相当于每小时逾 1000 人被杀。在全面多元化的世界，把你的个人真理强加给别人，会导致一种病态的、不可避免的后果。科学家一生的全部使命就是要发现自然界的真实特征，即使它们与你的哲学思想相冲突。这就是为什么你永远不会看到天体物理学家带着大队人马攻打一座山头。毫无疑问，科学家和他们的军事才能从一开始就成了军事家可以利用的工具。[2]然而，大多数科学家既没有主动参与战争的动机，也没有自愿为战争服务的动力。甚至连阿波罗登月火箭的设计师沃纳·冯·布劳恩也对V2 弹道导弹（他为纳粹德国开发的这种导弹，主要针对伦敦和安特卫普）的成功发表了如下著名的评论：

火箭运行得非常完美，除了降落在错误的星球上。[3]

人类在整个文明中的群体内或群体外行为，或许在进化上可以理解，[4]但令人不安。如果我们不能完全克服 DNA 的本能，也许基于证据的思维可以弥补证据不足的状况。考虑一下当科学家遇到分歧时会发生什么：要么我对你错，要么你对我错，要么我们都错了。这是一种不成文的规定，我们把它带入了所有前沿科学的争论。可是谁来决定结果呢？没有人决定。比你的对手更大声、更卖力、更有说服力地争论，只能显示你有多烦人、多顽固。最终决议几乎总是在更多或更好的数据到来时产生。

在极少数情况下，争论的双方可能都是正确的，这种情况通常发生在当他们不自觉地描述同一物体或现象的不同特征时。这就好比盲人摸象的故事，盲人们各自描述他们与大象不同部位——象牙、象尾、象耳、象腿和象身的接触。他们可以整天争论到底谁摸到的才是“正确的大象”，他们也可以继续探索，最终他们会发现，原来自己所描述的这些特征都只是同一个动物的某个部位而已。总之，人们需要更多的实验和观察产生更多的数据，从而确定究竟什么是客观的真实。

除了政治冲突，或者由于可能崇拜的上帝或神灵不同而产生的冲突外，人类一直为了获取有限的资源而发动战争，如为了能源（石油和天然气）、清洁的水、矿藏和贵金属。在我们的“宇宙后院”，太阳能无处不在，携带淡水的彗星也比比皆是。大量富含金属的小行星平静地围绕着太阳运行。大型小行星所含的黄金和稀土金属比人类历史上曾经开采过的总和还要多。我们还没有到任意开采太空资源的那一步，但是想象一下，当所有的文明都成为太空文明的那一天，对太空的常规访问将会把太阳系变成地球的“后院”。跨过这道门槛，我们就有了无限的空间资源，这使得整个人类因为资源而产生的冲突变得过时。进入太空可能不仅仅是人类探索宇宙的下一站，它可能是人类文明生存的最佳希望。

在所有职业中，科学家可能是唯一有能力缔造和维持国家间和平的人。我们所有人都按同样的基本常识生活。圆周率的数值不会因为你通过国家边境的护照检查而改变；生物学、化学和物理学的规律也总是保持不变。科学家有一个共同的使命——探索自然世界，并在此过程中解码自然界的运作规律。想象一下，假如你在月球前哨执行太空任务，正在与一位国籍不同的宇航员同伴合作进行科学实验，而与此同时，地球上发生的事情却有些糟糕：出于某种原因，你们两国之间的地缘政治紧张局势升级，武装冲突导致了大量士兵和平民的伤亡，两个国家都从对方的大使馆撤回了大使。假如你此刻在月球上得知了这一消息，你会怎么做呢？你会把你的太空伙伴摔到地上，被平均384403.9千米外地球上政治家的情绪和行动吞噬吗？如果你们的国家元首通过无线电向你们发出指示，让你们切断彼此之间的所有联系，你会同意吗？你们应该同意吗？还是说，你们会选择继续和平共处，共同在月球上生活、做实验，并为人类几千年来创造了在地球上互相杀戮的艺术与技术而感到沮丧和羞愧？

并非所有国家都能进行太空探索。那些有机会的国家之间有一种超越分歧的纽带。我曾参与过两次政府支持的美国航空航天任务，在参与第一次任务期间，我在一次主题为“美国航空航天工业之未来”[5]的活动上与许多国家的同行结识，我们一起探索了作为运输业从业者、商人和安全提供者的航空航天的世界景观，我们在欧洲和东亚评估了未来可能遇到的挑战和机遇。在整个过程中，我获得了与科学家和工程师同行的良好友谊，参与此次活动的政治家和企业高管也受到了热烈欢迎。不过在有俄罗斯代表出席时，气氛莫名其妙就高涨了起来。在莫斯科郊外的宇航员训练中心“星城”（Star City），氛围好得无与伦比。平日里，我不会说俄语，因为我不认识西里尔字母，也不会发音，并且我也不喜欢喝伏特加。那次在我们到达后不久，大约上午 10 点，该设施的负责人从他办公桌后面的一扇秘密门里走出来，为我们倒满伏特加。在他们邀请阿波罗 11 号登月者巴兹·奥尔德林在他们的宇航员册子上签名后，我们开始谈论起 20 世纪六七十年代的太空竞赛，以及太空探索的未来。那一刻，所有的社交障碍都消失了，我觉得我仿佛认识房间里的每一个俄罗斯人，就像我们是童年时在同一个沙箱里一起玩同一个玩具的玩伴一样。

在长达 42 年之久的时间里，美国和俄罗斯（苏联）是仅有的两个有能力将人类送入太空轨道的国家，直到 2003 年中国加入这一行列并成功发射了他们的第一位航天员。我们之间的情感联系是深厚的，友谊远远超过了世俗的政治。我们建立起了一种在太空中形成的纽带。

我在“冷战”时期长大，像其他热血的美国人一样，不喜欢俄国人。我们不是……互相仇恨吗？我们不是……“死对头”吗？事实证明，不是这样的，尽管政治家们会这样想。相反，我们的目光一直放在星星上，作为探险家，我们的世界观每次都能超越国家的冲突。

国际之间最昂贵的两项任务，依次是发动战争和国际空间站的建设和运行，遥遥领先于第 3 名和第 4 名——奥运会和世界杯。这 4 项中的 3 项都是竞争项目（其中一项还会使人丧生）。至于国际空间站，派遣宇航员前往的国家名单包括比利时、巴西、丹麦、英国、哈萨克斯坦、马来西亚、荷兰、南非、韩国、西班牙、瑞典和阿拉伯联合酋长国，更不用说美国、俄罗斯、日本、加拿大、意大利、法国和德国等国。这比世界杯或奥运会上飘扬的旗帜少得多，但简单回顾一下 20 世纪的地缘政治，它仍然铭刻在今天人们的记忆中并提醒着我们，这些国家中的许多国家是如何在全面战争中相互争斗的，士兵和平民的死亡人数达数百万。

在 20 世纪 70 年代初，美国和苏联仍用热核武器挟持世界，这场“冷战”在接下来的 20 年内都不会结束。与此同时，1972 年，美国总统理查德·尼克松和苏联总理阿列克谢·柯西金在莫斯科签署了一项协议，启动阿波罗 - 联盟测试计划（Apollo-Soyuz Test Project）。3 年后，在 1975 年 7 月，双方宇航员在阿波罗指挥舱和联盟号太空舱之间的对接演习中进行了有史以来第一次太空会晤。他们打开舱门时的唯一规则是什么？美国人只说俄语，而俄罗斯人只说英语。[6]

正如我们对那些可能正在努力入门天文学的学生所说的：“宇宙在每个人的头上。”关乎世界和平的最有希望的前景也可能如此。

第4章

冲突与解决方案

在我持有的所有相关意见中，我几乎都更倾向于自由派。然而，乔治·W. 布什总统两次任命我为白宫委员会成员。他所看中的是我的科学专长，而我的政治观点似乎并不重要，我的观点是我自己的事。而且（信不信由你），我投入了相对较少的精力让人们同意我的观点，因此，也许我大部分沉默的政治立场消除了布什总统可能存在的任何潜在顾虑，让其跨越政治分歧接纳了我。

这次任命让我面对政治更加成熟。我遇到了坚定的保守派政策专家和进步的劳工领袖，并成了他们的朋友。在这个由12名委员组成的政治多元化和强大的团体中，那些成功的对话通常是发生在“政治光谱”中间位置的对话。这意味着我必须从我的“左派角落”向右迁移，使我的观点接近那些我此前一直不认同的人。我的步骤是试探性的，但令人耳目一新。我向保守派世界观的每一步靠近，都使我离我所知道的自由派世界观更远。这种情况一直持续到我有生以来第一次意识到，我是真正在为自己思考——而不再被我出生时的意识形态扭曲，并毫无疑义地将其纳入自己的意识形态。我第一次深入了解了保守派，比我想象中复杂；我也第一次深入了解了自由主义者，这种陌生而明亮的观点使我得到了帮助和支持。自此之后，我开始反感各种类型的标签。我突然意识到，给人贴标签只是用智力上的懒惰来断言你从未见过和从未了解过的一切，仅此而已。

嵌入宇宙视角的科学理性能使每个人都对所有意见达成一致吗？不，不可能。虽然它可以使每个人的分歧不那么激烈——不是因为妥协，而是因为你的情感与你的理性不可避免地分离，以及你的思考能力中的偏见有所减少。有时，你所需要的只是更多或更好的数据。

让我们来看看美国的 4 种红蓝政治偏见，以及它们对一个充满好奇心的科学家来说意味着什么。

偏见 1：保守派重视核心家庭[①]，以及家庭给文明带来的稳定性；而自由派生活在有问题的道德准则之下。

① 核心家庭是指由一对夫妇及未婚子女（无论有无血缘关系）组成的家庭，也称为“小家庭”。——编者注

让我们用常见的话题来反思一下家庭价值：非婚生子女和离婚率。如果你分析一下美国各州的生育统计数据，你会发现在路易斯安那州、亚拉巴马州、密西西比州、得克萨斯州、俄克拉荷马州、阿肯色州、田纳西州、肯塔基州、西弗吉尼亚州和南卡罗来纳州出生的婴儿中，近一半由未婚妇女所生。[7]然而，这些州在21世纪的每一次大选中都投了红票①。[8]加利福尼亚州、明尼苏达州、马萨诸塞州和纽约州等著名的蓝色州的相应比率是其一半。非婚生子女可能凸显了一种不需要男人或摒弃20世纪50年代传统家庭模式的自由女性观，或者可能表明了堕胎率的地区差异。在任何情况下，这些都不是传统的家庭价值观所能接受的。

全美国的离婚率又如何呢？离婚率低可能表明这个州有着稳定的家庭生活文化。当你对所有50个州进行排名时（2019年），你会发现离婚率最低的前10个州中有6个是蓝州，4个是红州。好吧，让我们再仔细看看。到目前为止，离婚率最低的两个州是伊利诺伊州和马萨诸塞州，这两个州一直都是蓝州。而在2020年的选举中，离婚率最高的10个州中有9个州投了红票。此外，美国总统中，曾有过离婚记录、同时是共和

① 投红票指将选票投给共和党，倾向保守。——译者注

党人的只有两位——罗纳德·里根和唐纳德·特朗普。特朗普总统已经离过两次婚了，梅拉尼娅是他的第三任妻子。他的第二任妻子是他在与第一任妻子婚姻期间出轨的情人。而且他与这 3 个女人都有孩子。

我们该如何处理这些事实？把它们扫到地毯下面吗，还是让它们化解任何关于哪个政党拥有道德标准的情绪化争论？

2015 年，臭名昭著的阿什利·麦迪逊在线约会服务网站的数据泄露，进一步阐明了这种误解。该网站的构想是让一个已婚人士与另一个想出轨的已婚人士相互勾搭。想知道哪些州在该网站上最活跃吗？据透露，纽约、新泽西、康涅狄格、马萨诸塞、伊利诺伊、华盛顿和加利福尼亚等偏左的州在出轨者中占据前 15 名。[9] 因此，也许真相比右派或左派所承认的更加微妙和复杂。也许离婚是解决一段失败关系的一个更诚实的方法，而不是在保持婚姻的同时寻求秘密的非法关系。无论是哪种情况，我们都能从理性的调查中了解到，来自“政治光谱”的任何部分都不能声称自己在道德上拥有更加优越的家庭价值观。

偏见 2：自由派占据了科学的制高点，而保守派则拥护科学否认者。

我该从何说起呢？否认气候变化对文明的稳定构成了威胁——尽管多年来有一些进步，但这一直是保守派广泛被诟病的地方。起初，保守派的战斗口号是彻底否认，后来演变成承认气候变化真实存在，但否认人类造成了气候变化。最终，有人承认正是人类引起了气候变化，但我们对此无能为力，也不应该采取任何行动。以下是在依赖石油[10]的得克萨斯州 2018 年共和党官方纲领中的一句话：

> 气候变化是一项政治议程，旨在控制我们的生活。[11]

这是一厢情愿的典型案例，政治信念凌驾于客观事实之上。这一纲领文件每两年更新一次，到 2020 年，这种姿态已经软化为：

> 我们支持取消对“气候正义”倡议的资助。[12]

我们都看到了这些数字。超过 97% 的气候科学家同意，我们的工业化文明，由高度可运输的、能量密集的化石燃料构建而成，它使地球的温室效应加剧，导致冰川融化，上涨的海水最终将淹没世界上所有沿海城市。[13]这一结论不仅产生于多数人的投票，还来自一个研究机构的多学科反复观察与实验支持——这正是你要宣布一个新的客观真理之前所需要和希望满足的条件。对此，否认的声音则存在于那3%的研究论文中，它们与普遍的结果相冲突。

为了形成科学共识，让我们引用一个思想实验。许多科学家都会使用思想实验的方式，这种方式经过了时间考验，爱因斯坦就是其中最著名的例子。你可能没有时间或金钱进行实验，但可以在思想中完成它。比如说，一座桥濒临倒塌，97%的结构工程师会告诉你："如果你开着卡车过桥，桥就会倒。改走隧道吧。"剩下的3%的人则会说："不要听他们的，这桥没问题！"你会怎么做？对于一种未经测试的新型毒药，97%的医学专家说，只要服用一剂就能杀死你，另外3%的人说你会好起来，甚至可能改善你的健康。如果你想改善你的健康，你会服用这种药吗？思想实验可以让你在假想的时空转换中揪出隐藏的偏见，甚至可能迫使你第一次直面自己的偏见。

对于气候变化，偏保守的反驳论调一直在不断发展。最近他们接受了人类正在使地球变暖的大前提，但与"左倾"自由派人士就由此引发的经济问题仍在进行激烈的争论。特别是，他们担心像“绿色新政”（Green New Deal）[14]这样的政策会引发金融灾难。万岁！我们终于抵达了问题的关键：关于根据科学真理制定何种政策的政治性对话。这就是知情的民主制度应该如何运作的最好体现。

另一个否认科学的例子是，一些保守的基督徒怀疑达尔文的进化论，因为有着 3500 年历史的《圣经》对于地球上各种生命产生的过程提出了不同的观点。这些原教旨主义者只是展示他们受宪法保护的宗教表达自由。他们恰好是基督徒中的少数，[15]我对改变他们的观点不感兴趣，除非他们试图推翻美国的科学课程或者通过游说成为政府科学机构的负责人。毕竟这个社会中的许多高（低）薪工作，不需要你接受现代生物学的信条也可以胜任。

所有保守的东西都不是反进化的。在 2005 年宾夕法尼亚州具有里程碑意义的“基茨米勒案”中，联邦法官约翰 · E. 琼斯三世裁定，在公立学校教授“智能设计论”违宪。法官琼斯三世由共和党总统乔治 · W. 布什任命。

除了气候变化和现代生物学之外，在美国几乎没有其他关于科学的东西被保守派否认，尽管自由派对他们进行了广泛的否认科学的指责。好吧，那么自由主义者自己呢？事实证明，下述信仰和做法才是他们感兴趣的东西：水晶疗法、治疗性触摸、羽毛能量、磁疗、顺势疗法、占星术、反转基因及反制药。所有这些信仰和做法的共同点是断然拒绝与每个主题相关的主流科学。在特朗普政府和2020年保守派抵制快速开发的COVID-19疫苗之前，反疫苗运动（又是一个拒绝科学的温床）主要由有自由主义倾向的社区领导。2000年，随着当时正在进行的疫苗计划的成功，世界卫生组织（World Health Organization，缩写为WHO）宣布美国已经“消除”了麻疹，[16] 但到了2019年，美国又出现了近1300个病例。这些病例的爆发区大部分在哪？华盛顿州、俄勒冈州、加利福尼亚州、纽约州和新泽西州等常年为蓝色的州，这些州的许多家长拒绝为他们的孩子接种疫苗[17]——现在，随着反疫苗运动变成在红蓝中间摇摆的紫色，因为它蔓延到了保守的飞地，[18] 反疫苗者的总人数可能占到全美国的1/4[19]。

我在2021年8月的一篇推特文章中写道，我查看了每天死于COVID-19的德尔塔毒株的美国公民人数，大约为1000人。现在回想起来，这篇文章就应该留在我的“推特禁区”文件夹中。我当时注意到，在因感染COVID-19而住院和死亡的所有人中，至少有98%的病例没有接种疫苗。从各种调查中，我看到相较于投票给民主党的人，投票给共和党的人有5倍的人口没有接种疫苗。如果你计算一下，你就会明白我在推特中想表达的意思：

在（我写作本书的）这段时间，美国平均每10天就有超过8000名（未接种疫苗的）共和党选民死于COVID-19。这个数字是民主党的5倍。

我还在推特中用哥特式字体模拟了书名（见图4-1）：

如何像中世纪农民一样不顾现代科学而死亡

How to Die Like a Medieval Peasant
in Spite of Modern Science

图4-1　作者模拟的书名

也就过了几秒钟，铺天盖地的争论爆发了。许多保守的反疫苗人士坚持自己的立场，并加倍表明他们的决心，即为了自由王国而坚决不打疫苗。其他人选择对我的推特取消关注，并谴责我将COVID-19政治化。一些人对我给出的数据提出质疑，还有一些人抱怨说我不应该轻视人们的死亡。甚至连我“清醒”的女儿也打电话指责我刺耳的言辞。我本来以为人们，尤其是共和党人会说:“嗯，这很糟糕。我们在中期选举中需要更多而不是更少的选民。让我们去接种疫苗吧。”当我看到这些反应时，我意识到作为一名教育者，我亦无法理解和引导大家对同一个事件持有的看法。后来我删除了这条失败的推特，重新发了一条我与一位医学专家关于疫苗科学探讨的播客链接。[20]

尽管存在这些关于疫苗的保守的事实，但大多数自由派倾向的信念并不会引导文明走向终结。目前自由主义者对科学所表达的否定，永远不会像保守主义者对气候变化的否定那样破坏世界的稳定。因此，今天的自由主义者可以声称他们的活动对地球更好，但他们不能自鸣得意地把自己打造成更亲近科学的人。

近年来，一些可疑的膳食补充剂推广已经渗透到激进的右翼广播节目和播客的赞助商中。在亚历克斯·琼斯的“信息战”（InfoWars）网站上销售的“脑动力加”（Brain Force Plus）、“超级男性活力”（Super Male Vitality）、“阿尔法力”（Alpha Power）、“DNA 力加”（DNA Force Plus）等药品和提取物，都未经美国食品药品监督管理局（Food and Drug Administration，缩写为 FDA）批准，这些产品的生产商在网站上找到了受众。[21] 这种补充剂和其他“替代”医疗方法以前几乎是左翼思想的专属领域。就像反疫苗运动一样，这个市场现在已经变成了紫色，让保守的红色和激进的蓝色达成共识——回避主流科学。

无论一个政治家在竞选期间甚至在任职期间说过什么或承诺过什么，衡量政治支持的最基本标准是联邦预算中的资金有多少被分配给该事业。碰巧的是，自“二战”结束以来，当科学投资成为一个强化的优先事项时，拨给白宫科技政策办公室（White House Office of Science and Technology Policy）这一由总统的科学顾问（现在的科学部部长）监督的美国政府部门的资金，以及用于农业和交通等其他非军事研发的资金，在共和党总统时期的增长略高于民主党总统时期的。[22] 值得注意的是，科学预算增长最高的时期是共和党的艾森豪威尔任总统时（在其两届执政期间每年增长 46%），其次是民主党的肯尼迪·约翰逊任总统时（每年增长 39%，处于 20 世纪 60 年代的阿波罗时代）。在特朗普的任期内，预算每年增加 2.4%。民主党人克林顿（每年增长 2.2%）和奥巴马（每年增长 1.2%）

在各自两届政府任期内的预算增幅则排在倒数两名。

从这个角度来看，政治上的“科学否认者”实际上恰恰是喜欢科学的人。

偏见3：共和党人是种族主义者、性别歧视者、反移民的恐同性恋者。民主党人拥护所有民族。

这个充满标签式的叙述是民主党人看待共和党人与自己的分歧的常见例子。在过去，相反的情况占了上风。

亚伯拉罕·林肯是第一位共和党总统——该党的诞生，部分原因是为了废除美国的奴隶制。在整个重建时期及后来的岁月中，共和党人领导国会运动，资助和支持历史上的黑人学院和大学的兴起，特别是通过1890年的“第二个莫里尔法案”，当时私立精英学院拒绝所有有色人种入学。史密森学会（Smithsonian Institution）[①]关于美国传统黑人学校（Historically Black Colleges and Universities，缩写为HBCU）历史的概要网页没有提到共和党人在内战后的美国争取这些机

① 史密森学会是由美国政府资助、半官方性质的第三部门（通过志愿提供公益的社会公共部门）博物馆机构，由英国科学家詹姆斯·史密森遗赠捐款，于1846年创建于美国华盛顿。——编者注

会[23]。也许他们正试图呈现无党派的意识形态。他们这样做，是在掩盖一个显而易见、非同寻常的事实：100 年来，最具种族主义色彩的政党是民主党。他们监督着南方的“吉姆·克劳”，对那里发生的成千上万的私刑视而不见。[24]正如在民权运动最丑陋的镜头中所看到的那样，州长、市长、警察局长、整个地区愤怒的呼喊的暴民，都是民主党人。

今天，这些套路已经完全对调，谁包容、谁不包容，发生了 180 度大变样。只不过，改变不完全是两相对调。自 1990 年以来，前两位黑人国务卿科林·鲍威尔和康多莉扎·赖斯都由共和党总统任命。有史以来的第二位黑人最高法院法官克拉伦斯·托马斯也由共和党总统任命。由民主党总统克林顿和奥巴马任命的 4 位大法官中没有一个是黑人。[25]如果你碰巧不喜欢他们的政治，那就说明你反而支持了一个与你的政党观点一致的黑人高层官员，而不仅仅是一个“高级黑人”。再加上 2014 年宾夕法尼亚州具有里程碑意义的惠特伍德诉沃尔夫案，该案件宣布该州对同性婚姻的禁令违宪。谁负责了这个案子？我们的老朋友，布什任命的约翰·E. 琼斯三世。2022 年 4 月，凯坦吉·布朗·杰克逊法官成为美国最高法院的第一位黑人女性大法官，50 位民主党参议员中全部投票支持她，50 位共和党参议员中的47位投票反对她。所有这一切让我想知道，与一个政党结盟到底意味着什么。他们为你做思想工作了吗？他们左右了你对国家面临的问题的态度吗？如果是这样，那么你就是那些当权者的棋子。这种情绪，与由吉尔伯特和沙利文创作、1878年首演的喜剧轻歌剧《比纳佛》(*H.M.S. Pinafore*)中，女王的海军上将所做的抒情诗《约瑟夫·波特爵士之歌》(*Sir Joseph Potter Song*)里最受欢迎的一句产生了共鸣：

> 我总是听从党派号召投票，却从未想过要为自己思考。

但在一个实施代议制的共和国，那些当权者应该为你服务，他们该成立民有、民治、民享的政府。

我想说的是，从太空看地球会拥有更宽阔的视野；但是，从远处评判人类个体几乎没有什么意义。我们描绘和描述他人观点的笔触往往很笼统，缺乏细微差别，这就很容易使我们产生偏执和偏见。从远处看，郊区的草坪就像一块绿色的地毯；当近距离观察时，这块地毯会被细化成单个的草叶；再近一点，这些草叶就只是进行光合作用的植物细胞。你会选择在多远的距离对我们脚下的草坪提出意见和观点呢？

1980年，由卡尔·萨根主持的《宇宙》（*Cosmos*）在美国公共广播局（Public Broadcasting Service，缩写为PBS）洛杉矶中心站公共电视台（KCET）播出。作为一部科学纪录片，《宇宙》由美国公共广播局播出是很自然的事。在2014年的《宇宙》播出季，我有幸担任主持人。不过这一次，它在福克斯电视网（Fox Network）首播，这恰好给予了我们自由和资源来创造我们能承受的故事和主题。

我最“左倾”的朋友们倾向于将福克斯集团产出的所有内容视为福克斯新闻（Fox News）的铁板一块。当得知这一季的《宇宙》不仅不会出现在美国公共广播局上、反而会在福克斯上首播时，他们推测福克斯会向我们输出保守党的政治观点，迫使我们成为分裂的福克斯新闻意识形态的喉舌。我的朋友中不太自由的人较少有这种想法，而那些处于“政治光谱”中间的人则祝贺我们为科学争取到了一个观众群比美国公共广播局的大得多的广播平台。

为什么大家会有这样不同的反应?

那些最“左倾”的人被他们自己的偏见蒙蔽，从而影响了他们理性看待世界的能力。福克斯新闻评论员的政治观点使他们感到不安，也让我感到不安。但在他们的极左世界观中，福克斯的一切都是福克斯新闻的同义词；他们从来没有注意到，福克斯的所有节目都是进步节目的典范。仅举几个例子。正是20世纪福克斯电影公司（20th Century Fox）于2009年将《阿凡达》（*Avatar*）这部在当时有史以来票房最高的电影搬上银幕。这部科幻大片记录了另一个星系中原住民的困境，他们利用植物和森林生物的神秘力量来保卫自己的本土星球，对抗贪婪的企业殖民者，有影迷称之为“太空版《风中奇缘》”（*Pocahontas in Space*）。探照灯影业（Searchlight Pictures）是福克斯旗下的独立制片工作室，它将《贫民窟的百万富翁》（*Slumdog Millionaire*）、《为奴十二年》（*12 Years A Slave*）和奥斯卡获奖纪录片《灵魂乐之夏》（*Summer of the soul*）搬上银幕。这几部电影中的每一部都是对被剥夺权利者的困境的探索。福克斯集团旗下的福克斯体育（Fox Sports），也因其专业、透彻、精通技术和多样化的报道而在全世界受到高度评价。此外，福克斯版图中还有福克斯商业（Fox Business）有线电视频道，它带有一些福克斯新闻的基因，不过相比之下，它更温和一些。

最重要的是，福克斯集团还包括福克斯的旗舰频道，其出品的《辛普森一家》（*Simpsons*）、《恶搞之家》（*Family Guy*）

以及我个人最喜欢的《生动的颜色》（*In Living Color*），都是具有社会良知的喜剧节目。这些节目及更多其他的节目，因其进步的社会评论而开辟了新天地。例如，《欢乐合唱团》（*Glee*）是一部音乐喜剧，持续了 6 季，讲述了一个高中欢乐合唱团的社会活动。有一幕是，两名演员唱了一首为男女双方准备的节日最爱歌曲，但是这首二重唱由两位彼此相爱的男士演唱。

正义的自由主义者们，因为《宇宙》出现在福克斯网络上而怀疑科学精神已经消亡，你可以看到我是多么失望地哀叹。

“隐性偏见”会引起一种持续的冲动，即看到所有与你一致的东西而忽略所有不一致的东西，即使在此之前的教训比比皆是。其中，最有害的是“确认性偏见”（confirmation bias）[①]：你记住了成功，而忘记了失误。它在某种程度上影响着我们所有人。解药是什么？冷静的理性分析。

偏见 4：共和党人是真正的爱国者。自由主义者是反美国的，他们想做的就是加税和靠政府的社会项目生活。

① 确认性偏见是一种常见的心理现象，指人们倾向于寻找证据来支持自己已有的信念或预设的观点，选择性地回忆或搜寻有利细节，从而忽略其余矛盾或不利的信息。——编者注

早在1781年，马萨诸塞州是第一个承认7月4日“美国独立日”为假日的州。仅在6年前，美国独立战争的第一枪在马萨诸塞州打响。那是很久以前的事了，但对于这个最蓝的州[26]来说，值得大肆宣扬一下。

自由主义者和进步人士计划并领导了“二战”后几乎所有的反战游行。反战是反美国吗？自由主义者确实喜欢禁止一些东西，几乎总是以需要禁止的东西对你或对环境有害为理由。所以，也许他们并不是想限制你的自由；相反，他们只是想拯救你的生命。

那税收呢？在表达自己的政治立场之前，应该参考一下由数据支撑的实际情况，而不是仅凭想象。我们可以按照任何一年人均支付的联邦税收对50个州进行排名，这可能与各州的经济健康状况有关，但这并不是最重要的。接下来，再看看各州收到的人均联邦支出总额，这两个数据之间的差异直接衡量了一个州在多大程度上依赖政府项目来运作，以及政府在多大程度上依赖该州来运作。

当你进行这项工作时，你会发现，在向联邦政府支付的人均费用超过其从联邦政府收到的人均费用的前10个州中，有8个是蓝州，不包括弗吉尼亚州（高预算的五角大楼所在地）；从联邦政府获得的收入多于其支付的费用[27]的 10 个州中，有 6 个是红州[28]。然而，在自由派的民主党总统任期内，征收的税收比保守派的共和党总统任期内征收的增加得更多。对“税收和消费”的指责是真实的：如果你不想支付额外的税，那么就不要投民主党的票，尽管反税收的红州从增加的税收中获益匪浅。国家的健康和财富仍然高度依赖于蓝州的经济实力，其中纽约、新泽西、康涅狄格和伊利诺伊州处于领先地位。

是否存在一个没有民主党或共和党的世界，一个没有左翼或右翼狂热者的世界？我们能否创造一个没有战争、没有流血的和平世界？在这样的世界里，有着最温和的争论者，当他们就没有客观真理基础的话题争论完后，也仍然想和对方喝杯啤酒。在一个充满无休止的政治纷争图景中，如果一个热爱和平的外星人降落在地球上，走到你面前要求：“带我去见你的领导！”你会护送它到白宫还是到国家科学院？

既然已经打开了幻想的大门，不妨再开大一点——让我们来看看漫展文化。在加利福尼亚州的圣地亚哥和纽约市，每年都有成群结队的人来到两个城市的会议中心，庆祝角色扮演（cosplay）、漫画、动画、幻想故事、超级英雄、电脑游戏、外星人，特别是电视、电影和科幻小说中的世界。他们喜欢建立和生活在具有自洽规则的人造世界中，喜欢在这些世界中进行理性的思考。这两个独立组织的漫展，是地球上最大的两个漫展，至今总共吸引了30多万人。[29]在世界各地，参加类似大会的总人数可能达到数百万。[30]参加者在各方面都很多样化：高的、矮的、瘦的、胖的、有残疾的、性别不明确的、患自闭症的、面容姣好的、不修边幅的……许多人从未赢得过人气比赛，也不会成为返校节国王或皇后的有力竞争者，尽管他们的成绩可能比学校的其他孩子高。我怀疑（但无法证明），漫展人群完全包含了宇宙历史上每一个在高中被欺凌过的人。

漫展上的每个人都是出于对想象力的共同热爱走到一起，可以说想象力是深藏在人类DNA中的东西。而且，这里似乎没有任何评判。

不，当然有评判。

例如，如果你装扮的《星球大战》（*Star Wars*）中机器人R2D2的服装上少了八角形的端口，你会遭到严厉的处罚，好在只有一会儿。你模仿《战士公主西娜》（*Xena Warrior Princess*）打造的剑和百褶皮裙是否逼真？你模仿的拖脚僵尸是否令人信服？你的手持式《星际迷航》相位器是否发出了它应该发出的声音？如果没有，漫展上的朋友们就会把你当作怪胎。除此之外，没有任何评判。根据我对这个人群的了解，我自己也是一个持证的极客，并且参加过各地的许多漫展，我可以自信地断言，与会者基本上都具备科学知识。他们渴望未来的科学和技术能够把世界（宇宙）变成一个更好的地方。他们在大部分时间里能够区分幻想和现实。他们总是知道善与恶的区别，最重要的是，他们活着，也让别人活着。如果由“漫威人”管理世界，最糟糕的地缘政治斗争将是周五在“联合国”小卖部吃完午餐后的假光剑大战。

与其去白宫，不如把来访的外星人带到漫展上。我们有理由担心，没有人会注意到混在那些假装是外星人中的真正的外星人。这么做的好处是什么？我们的外星访客打电话回家，会报告说：“他们就像我们一样！”

第5章

风险与回报

我们每天都在用自己和他人的生命做计算

理解了概率和统计学就理解了风险——但人类的大脑并不能仅凭直觉就接受这一点。在有人发现取平均值的好办法[1]之前，算术、代数、几何、三角学、公式图形、对数、虚数、数论和微积分就已经存在了。伊斯兰黄金时代的阿拉伯数学家，特别是伊本·阿德兰（1187—1268 年）在 1000 多年前就开始思考样本大小和频率分析，建立了概率论的最早概念，但直到 19 世纪数学家们才对该领域进行了全面的研究。

19 世纪的德国数学家卡尔·弗里德里希·高斯被一些人（包括我自己）认为是自古以来最伟大的数学家。在 1801 年发现第一颗小行星——谷神星（Ceres）后不久，人们通过零星的观测对其轨道进行了追踪，发现它消失在了太阳的光芒中。当它在太阳的另一边出现时，我们如何再找到它呢？高斯决定帮助解答这一问题，并开发了名为“最小二乘法”（least

squares）的统计方法——用最好的数学方法在数据中画出一条线，让你预测数据下一步可能的趋势。这一工具使高斯能够预测天空中谷神星将出现的位置。的确，高斯的方法成功了。谷神星就出现在高斯预测的时间和地点。

到了1809年，高斯已经完全得出了著名的“钟形曲线”（bell curve），它也许是所有科学中最强大和最深刻的统计工具之一，也被称为“正态分布（normal distribution）曲线”，揭示了对于世界上你可能测量的几乎所有东西的统计规律。你报告的大多数数值都会落在一个范围的中间，在较大或较小的数值中，出现这些数值的情况越来越少。这个特点对于测量本身产生的不确定性来说尤其如此，对可能有实际变化的特征来说也是如此。例如，很少有人很矮，也很少有人非常高，大多数人介于两者之间。这个概念并不复杂，但钟形曲线的精确数学表达使人感叹：

$$f(x)=\frac{1}{\sigma\sqrt{2\pi}}\mathrm{e}^{-\frac{1}{2}\left(\frac{x-\mu}{\sigma}\right)^2}$$

是的，它有三个小写的希腊字母：σ、π 和 μ。它还有一个漂亮的斜体 f 和指数函数 e，它们都在一个以 x 为变量的方程中。绘制图象时，曲线呈现出钟的形状——不是雪橇铃，也不是牛铃，更像是自由钟。

在这个方程出现之前，登陆月球所需的基础物理学已经建立，工业革命也在全面展开。这样的事实进一步证明，从统计学的角度思考世界不太自然，而且该领域的进步需要一些有史以来最聪明的人才能完成。我们还面临着奇怪的现代事实：许多知名大学都有一个独立于数学系的统计系，但你找不到其他数学分支的独立系别，没有三角学系，也没有微积分系。这些证据表明，统计学是不同的学科，而且在某种程度上需要独特的思维体系。

当统计学上不可能发生的事件随机发生时，成年人通常会从一个巨大的意义库中提取信息来解释它们。人们之所以需要这样做以及对真实的东西总体上缺乏好奇心，可能有其合理的进化根源。[2]例如，当你不确定让你面前高高的草丛沙沙作响的是一只饥饿的狮子还是一阵微风时，需要哪些步骤来辨认呢？

1. 你认为你看到了一只狮子。你很好奇，你想确认一下，所以你走近了一点，发现确实是一头狮子。然后狮子吃了你，将你从基因库中删除。

2. 你认为你看到了一只狮子。你很好奇，你想确认一下，所以你走近了一点，才发现只是一阵微风吹过了草丛。你又多活了一天。但继续这种尝试，你最终会遭受第一种结果。

3. 你认为你看到了一只狮子。它确实是一只狮子。在你能确认这一点之前，你就跑了。你又多活了一天。

4. 你认为你看到了一只狮子。但那不是狮子，只是一阵微风。在你确认这一点之前，你就跑了。你又多活了一天。

注意，在这个例子中活下来的人，是那些认清了这一模式（无论真实与否），以及没有好奇心的人。

我们的祖先也高度依赖因果关系的假设来找到生存之道。如果你在某一刻吃了一些浆果，并在随后的几个小时里得了重病，生病的原因可能就是那些浆果。这两件事的巧合极大地影响了我们对世界的理解。那些没有建立起这种联系的人会不断生病，并从基因库中消失。

尽管没有狮子潜伏在停放的汽车后面，也没有有毒的浆果在街角的杂货店等着我们，但当这些史前的思维被移植到现代文明中时，它们仍然伴随着我们，并在广泛的非理性行为中表现出来。

就比如，当我们在遥远的他乡偶遇一位久违的朋友时，我们可能会认为这是命中注定的缘分：“没有巧合！”或者解释为地理原因：“世界真小！”但倘若让你做这样一个游戏：试着接近你在街上看到的每一个人，并向他们询问“我认识你吗”，如果他们回答“不认识”，就请你大声宣布“世界很大”。如果你花上一天时间重复这件事，你就不会再宣称“世界很小”了。再比如，很多人都会在重要的日子里穿上幸运颜色的袜子或内衣，而事实上，它们之所以成为幸运的衣物，只是因为当你的生活中发生一些意想不到的好事时，你恰好穿着它们。

同理，广告商知道如果只是向你提供有关产品的数据，并不会对销售产生什么帮助，所以他们在广告中加入了令人信服的证词，宣称产品满足了他们的需求。因为，我们更有可能被充满激情作证的个人打动，而不是被海量数据的图表说服。

我们总是用强烈的感性思维思考问题，这样做通常无害，但缺点也显而易见：容易被精明的赌场利用。想象一下，如果人们习惯了用理性思维思考人类事务，这个世界将会多么不同。这种分析能力将影响我们每天做的几乎每一个决定，特别是关于不确定性未来的决定。如果没有概率论和统计学的多年制本科和研究生课程的发展，就没有科学数据的分析，尤其是在物理科学领域。由于以上这些原因，世界在科学家眼中非常不同。

科学家也是人，但广泛的数学训练会慢慢地重塑大脑中这些非理性的部分，使我们不那么容易被利用。有这样一个正面例子。美国物理学会（American Physical Society，缩写为APS）是全国物理学家的主要专业组织。1986年，由于酒店日程安排的冲突，他们被迫在最后一刻取消了在圣地亚哥举办年度春季会议的计划。几个月后，拉斯维加斯成了新的会议举办地，米高梅大酒店成为4000名物理学家新的相聚点。[3]这家新落成的酒店有近7000个房间，无论在过去还是现在，它都是美国最大的单体酒店。酒店内有超过3英亩的赌场，[4]他们的商业模式显而易见。

猜猜发生了什么？

在那个决定命运的星期，米高梅酒店赚的钱比以前任何一个星期的都少。会不会是物理学家对概率的了解太深，以至于他们在扑克、轮盘、骰子和老虎机中提高了对赌场的赔率并取得了胜利？不，他们只是没去赌。

物理学家们被数学打上了“远离赌博”的烙印（见图 5-1）。

PHYSICISTS IN TOWN,
LOWEST CASINO TAKE EVER

图 5-1　物理学家的烙印

与其他基于地球的概率和统计学的应用相比，赌场专门针对人性的弱点，而且很邪恶。仅仅因为你最喜欢的数字，例如 27，在转盘上有一段时间没有出现，就意味着 27“即将出现”？转盘是没有记忆的，每次转盘的赔率都一样。然而，每张转盘表都列出了之前十几次旋转的结果，只是为了满足我们对概率工作原理的无知。我们的灵长类大脑根本无法处理这个事实。

再举几个例子。一个骰子的相反面的总和总是“7”：6 和 1，5 和 2，4 和 3。“7”也是一对骰子一起投掷时最有可能出现的总和。幸运的“7”。但是平均来说，一对骰子掷出和为“7”仍然是很小的概率，只有 1/6。那掷出“11”呢？则是 1/18 的概率。希望你能在心甘情愿地甚至是不知不觉地让赌场拿走你的钱之前知道这些事情。

如果你碰巧有一波难得的连胜——断断续续地赢钱正是养

成赌瘾的原因，赌场就会注意到你，并派来一个漂亮的服务员为你提供酒精饮料。这正是你在那一刻需要的，一种进一步扭曲你思考能力的手段。

这些都不影响那些只是偶尔喜欢赌博的人。在拉斯维加斯时，我喜欢在轮盘赌桌上投注2、3、5、7、11、13、17、19、23、29、31的各种组合。那是轮盘上的全部质数。据统计，它们和你可能挑选的任何其他11个数字的组合一样好（或坏）。如果我打算把钱交给赌场，我会去赌场做一些数学题。通常我会拿出大约300美元作为赌资，然后玩上几个小时。从赌场回来后，当人们问我输了多少钱时，我回答说我获得了价值300美元的娱乐，这在我的家乡大约是一顿晚餐、一瓶葡萄酒或一出歌剧的费用。然而奇怪的是，当你从剧院回来时，却不会有人问："你输了多少钱？"

在美国，有组织性的赌博活动无处不在。2021年的赌场收入达到了450亿美元的历史新高，[5]这几乎是美国国家航空航天局探索宇宙的年度预算的两倍。50个州中有45个州出售某种彩票，[6]包括强力球，公众每年花费近1000亿美元，希望赢得大奖，或者至少赢得比他们购买彩票的费用更多的钱。正如你所期望的那样，头奖越大，彩票的销量就越多。购买更多的彩票确实增加了你的中奖机会，但大奖通常是由获奖者分享的，所以从统计学上讲，你的中奖机会会随着购票人数的增加而稀释。

在最近的一次比赛中，田纳西州赢得强力球大奖的概率是2.922亿分之一。[7]许多人接受了这些赔率，希望甚至期待着能赢（尽管一个人被雷电击中致死的可能性比这高300倍，是的，这意味着他的墓碑上更可能写着“死于雷击”而不是“死于赢得田纳西州强力球彩票”）。那些在其他方面禁止设立赌场的州，在由自己的立法机构管理的情况下，也会宣扬赌博。

当我们在田纳西州时，想象一个名叫克莱尔的人赢得了他们的大奖。她说她很擅长预测未来的事件。尽管她姓沃扬，但这里有一个你不太可能看到的新闻头条：

克莱尔·沃扬，镇上的算命先生，再次赢得了彩票。

也就是说，她两次中奖的概率是2.922亿分之一乘以2.922亿分之一。

我所听到的关于玩彩票的最好的理由是来自一位天体物理学同事的母亲。她偶尔会一周买一张彩票，在这7天里，在等待开奖的过程中，她会浏览那些花哨的房地产小册子，上面介绍了几乎没有人买得起的漂亮房子，她幻想着住在自己选择的房子里。这些渴望给她带来了暂时的快乐，这张彩票完全值得买，没人有资格阻止她。

国家赚取的利润，在支付给赢家和票商后，往往会作为主要的收入来源流入社会项目，特别是幼儿园到高中的教育。这造成了道德上的困境，在你的国家投票反对这种合法的赌博形式可能会损害教育。美国公立学校到底有没有教授概率和统计学？最近的调查显示，答案是大多没有。[8] 在为数不多的教授概率和统计学的学校，相关课程是作为新的选修课或作为大学高级课程的一部分。如果概率和统计学成为K-12（幼儿园至12年级）课程的基本组成部分，并在多个年级中教授给每个学生，而且如果国家彩票收入被分配来实现这一目标，那么彩票业很可能会破产。

几年前，在拉斯维加斯的麦卡伦国际机场，我做了一件很虚荣的事——在书店门口停下来，看看我新近出版的书是否在

售。我打算主动问店员需不需要帮他们在书上签名，来增加他们销售的机会。

进门后我匆匆瞥了一眼书架，没发现我的那本书，可能是我错过了。机场书店很小，而且这本书也不是什么畅销书，所以也不指望他们真的有卖我的书。尽管如此，我还是委婉地问店员："你们的科学区在哪里？"店员的回答简单而直接："对不起，我们没有科学区。"我在那一刻的无声反应成了我的第一条推特内容（见图 5-2），[9] 在接下来的数千条推特中，它将见证我作为一个教育者和科学家的日常随机想法——通过一个天体物理学家的镜头看世界。

拉斯维加斯机场的博德斯书店没有科学区。不希望我们在赌博前提升批判性思维。

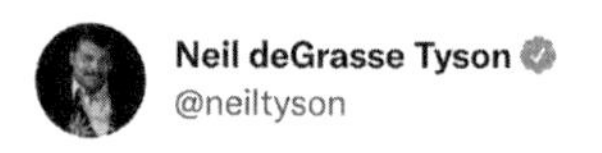

Borders Books at Vegas airport does not have a science section. Wouldn't want to promote critical thinking before you gamble.

3:46 PM · Feb 9, 2010 · Twitter Web Client

图 5-2　作者的第一条推特

如果来访的外星人分析了这里发生的事情，他们可能会想，到底是怎样的物种会有目的性地利用其同类的弱点，创造一个从赌徒到赌场老板的系统的财富转移（无论是在拉斯维加斯还是在州议会大厦）？

这一点似乎很好地证明了地球上并不存在地外智能生命的迹象。

在这些非理性的情感中，有一种情感是感觉自己很特别——这是一种照顾你的良性力量，使不可能发生的事情对你有利。有这样一个思想实验：请 1000 人排成一排，并且每人抛出一枚硬币，然后请抛出反面硬币的人坐下来——按照 50% 的概率来看，大概会有 500 人。然后再让剩下的 500 人继续重复这一实验，以此类推。将有大约 30 人在连续抛出 5 次正面头像图案之后，淘汰其他的 970 人。那最后唯一的那个幸运儿呢？那个人需要连续抛出 10 次正面才可以胜利。记者们都抢着采访那个千分之一的胜出者，而非剩下的 999 人。你可以想象一下这种对话。

热情的记者：你一开始就认为你会赢吗？

快乐的赢家：是的。今天早上我就感觉到房间里有一些来自上天的能量。实验进行到一半时，这种感觉越发强烈。到了剩下的几个回合，我就知道我一定会赢。

在那短暂的交流中，我们虚构的抛硬币者将一个完全随机的统计结果转化为神秘的命运。如果你认为这个实验太虚幻而没有意义，可以考虑一下股票市场。在一个交易日（或一周或一个月）结束时，你可以预期任何市场指数或你关心的投资工具只有两种真实的结果。可能是道琼斯工业平均指数、纳斯达克综合指数、科技股、加密货币、市政债券、冷冻猪腩期货等之类的，当然，这并不重要。该投资将在一天结束时比前一天的交易量低或高，它也可能保持不变——这里是无关紧要的罕见情况。还有一个显而易见的现实：在预期价格会下降的情况下，你会把证券卖给一个预期价格会上升的人。

无论市场在一天内做什么，新闻都会给出理由。即使是零星的日常变化，也会得到解释，以说明变化的合理性。偶尔他们也会不提供任何理由，甚至没有隐含的迷惑性。让我们来看看美国消费者新闻与商业频道（CNBC）于 2021 年 12 月 10 日在推特上发布的这个非常典型的投资领域的头条新闻。

周五主要指数上涨，延续了华尔街本周的强劲涨势——尽管通货膨胀率创下 39 年新高[10]

如果他们诚实一些，标题会这样写：

今天市场上涨，我们不知道为什么，仍然茫然地不知所措

为了进一步探究这个问题，让我们来排查一下 1000 名华尔街分析师（尽管分析师比这更多，但我们还是坚持 1000 人吧）。[11] 这其中的一些人可能比其他人更善于赚钱，让我们不要忽略这一点，这说明他们可能善于预测文化趋势，善于驾驭可能影响其投资组合的无数同时发生的变量。这几乎总是有回报的。但是，让我们暂时假设投资市场是完全随机的。如果是这样，即使他们用飞镖来指导他们的投资策略，1000 名分析师中也会有一人正确预测连续 10 天的每一天的结果。就像在我们的头或尾实验中，仅仅 5 天前，大约有 30 名市场分析师会连续 5 天正确预测市场结果。这就是 1000 人中仅剩的 30 人。如果接受采访，成功的 30 人，尤其是站在最后的人，肯定会吹嘘自己有特殊的市场洞察力。我们会相信他们，因为对

投资者和分析师来说，他们的表现看起来都是令人印象深刻的，这就是随机性。

某年全国最成功的交易员也是下一年，以及再下一年最成功的交易员吗？这种情况几乎没有发生过。在许多对交易者进行排名的网站上，[12]面对我想查看过去数据的要求时，他们宣称："你没有办法看到网站上专家的历史排名。"所以我做了记录，仅仅等了5个月，就更新了他们的名单：2021年7月排名前10的分析师中，现在没有一个还在前10名。投资公司完全知道这个结果，并贴心地在网站上用一行小字提醒你："过去的业绩并不代表未来的结果。"

如果每次站在最后的人恰好都是同一个人，那么就会有不寻常的事情发生。我们希望这样的人存在，我们也需要这种人的存在。他们的存在，成为世界可知而不随机的证据。这很好，因为我们不了解随机性。沃伦·巴菲特的伯克希尔·哈撒韦公司在过去的半个世纪中表现良好，尽管自1965年以来，公司价值有11年在负值区域，其中有两年情况很糟糕。1974年，它的价值下降了近50%，2008年下降了30%以上。[13]我们真正想要的是一个稳定的赢家，一个不会年复一年地培养市场焦虑的人。事实上，确实有这样一个人存在。他的名字叫麦道夫，拥有几十年的连胜纪录，无视一切困难。他一定很厉害，或者他一定是在作弊，或者他一定很擅长作弊。麦道夫在有史以来对毫无戒心的公众实施的最大的庞氏骗局中，拿走了人们近650亿美元的储蓄。他于2009年3月被定罪，2021年4月在监禁期间死亡，远未完成其150年的刑期。

有人说股票市场是世界上最大的赌场，我基本上同意——除了没有人给你带来免费饮料。

即使我们没有去拉斯维加斯，概率也会出现在我们的日常决策中。考虑一下公众对转基因生物的情绪。反应往往是二元的，取决于你的政治立场，这本身就是一个警告信号。科学的真理和效力不应该与你的政治观点相关联。左派人士倾向于将转基因生物视为对健康和文明的祸害。科学家和右倾人士则倾向于无所谓的态度。[14]对这一主题的全面讨论远远超出了本书的范围，感兴趣的可以去看看我主持的那部纪录片，[15]它探讨了转基因生物的科学以及它所造成的文化和政治分歧。在此，我提供一则统计上的逸事，稍稍满足一下你的求知欲望。

食品化学公司孟山都（现在由拜耳公司拥有）开发了一种转基因玉米变种，对草甘膦有完全的抗性。草甘膦是一种除草剂，大家所熟知的农达（Roundup）牌草甘膦就是孟山都公司开发的。孟山都公司的科学家通过基因技术消除了他们的玉米对这种化学品的敏感性。这种强有力的组合（孟山都的转基因玉米加上孟山都的除草剂）使农民能够轻松杀死除玉米以外的一切杂草。佛蒙特州的冰激凌公司班杰瑞（Ben & Jerry's）使用玉米糖浆作为他们一些产品的甜味剂（是的，我也很惊讶这一点），而其中部分玉米含有微量草甘膦的消息引起了媒体的关注。[16] 作为回应，班杰瑞决定完全停止使用转基因玉米糖浆，尽管每十亿分之一的草甘膦检测水平远远低于美国和欧洲标准。由于许多购买班杰瑞冰激凌的人倾向于与该公司在所有事情上的普遍进步观点一致，班杰瑞控股公司认为这一禁令是一个明智的商业决定。

让我们仔细看看那里发生了什么。你可能摄入的每一种物质，不管是食物还是其他，都有一个与之相关的计算出的致死剂量，以所谓的半数致死量（LD_{50}）来衡量，用来描述能杀死 50% 试验总体的每千克有害物质的剂量。这些数据通常来自对实验室哺乳动物（如小鼠）的测试。还有另一个指标，称为未观察到有害作用水平（NOAEL），它涉及一种物质对你的健康的长期影响，在考虑食品安全问题时更科学。半数致死量有助于说明一个不同的问题：一种物质的 LD_{50} 数值越小，它的致命性就越强。因此，半数致死量表可以很有启发性。这里有一个样本：

蔗糖（食糖）	每千克30克
乙醇（普通酒精）	每千克7克
草甘膦（Roundup）	每千克5克
食盐	每千克3克
咖啡因	每千克0.2克
尼古丁	每千克0.0065克

这份精心挑选的名单上最致命的物质是尼古丁。咖啡因看起来也很有致命效力。如果你想死于咖啡，只需喝下大约80杯德米塔斯杯的浓缩咖啡。接下来是食盐。显然，“地球之盐”并不总是一种赞美。《古舟子咏》（*The Rime of the Ancient Mariner*）中的这句名言隐含了盐的半数致死量，被咸水包围的口渴的水手在思考这个问题：“水，到处都是水，没有一滴可以喝。”[17]

正如你所期望的那样，名单上最不致命的是糖。请进一步注意，草甘膦比食盐的致命性低，但也差不了多少。其实这些离我们还算遥远，我们现在要考虑的是一个150磅（约70千克）的人吃班杰瑞的冰激凌会发生什么——我计算过，然后把结果归入了我的“推特禁区”文件夹，它至今仍躺在那里，因为结果一旦公布就会引起恐慌，我不想在社交媒体上引发大众不安。

事实上，你需要吃下4亿品脱的班杰瑞冰激凌，它的微量草甘膦才能杀死你。但仅仅在吃完20品脱之后，你就会因其含糖量而死亡。

为了保护他们的利润，班杰瑞做出了正确的企业决定。虽然他们也可以利用这个机会做一个教学展示——关于比较风险的令人震惊的课程，但这只有在人们愿意学习的情况下才有效。在现代，我们中的许多人不愿意抽出时间来学习这些吧？这也许是因为，就像19世纪英国散文家沃尔特·巴盖特所说的：

人性中最大的痛苦之一就是新思想的痛苦。[18]

他还说道:

> 正如普通人所说，它是如此“令人不安”；它让你觉得，无论如何，你最喜欢的观念可能是错误的，你最坚定的信念是没有根据的……因此，很自然地，普通人讨厌一个新的想法，并倾向于或多或少地虐待带来这个想法的人。

另一个被忽视的风险层面是，我们只片面接受了那些告诉我们某种习惯或饮食可能增加我们感染癌症风险的研究，而未做更深层次或更全面的了解。通常情况下，当此类研究被报道时，他们会告诉你，当你从事某种活动时，你的癌症风险会增加多少。了解该特定癌症的基线风险是最重要的，然而我们几乎没有注意过这个统计数字。例如，让我们分析一下美国癌症研究协会关于结肠癌的网页上的这句话:“在非常高的温度下烹调肉类（油炸、炙烤或烧烤）会产生化学物质，可能会提高你的癌症风险。”[19]出现“可能”这个词是因为一些研究显示根本没有增加风险。我只是碰巧喜欢在非常高的温度下烤肉，但我也不想得癌症。该网页提供了关于多种风险因素的完整讨论，但没有量化我的基线风险，也没有说该风险增加了多少。然而，我从其他地方了解到，我一生中患大肠癌的风险是 4.3%。[20] 而从另一项研究文章中，我了解到，在这个基线上，吃高温烤制的肉类，患大肠癌的风险增加了大约 15%，不同的研究之间存在着巨大的差异。[21] 没有人希望增加自己患大肠癌的风险，更不用说增加 15% 了。数字很清楚，而文字具有欺骗性（特别是如果你只是阅读标题），这另一项研究文章似乎在告诉你，吃高温烤制的肉类会使你一生中感染大肠癌的风险增加到 15%。然而实际上，增加了 15% 的是你基线风险上的风险；如果你吃高温烤制的肉类，那么你的终生风险只增加了 0.6%，从 4.3% 增加到 4.9%，这才是“增加了 15%”的具体含义。

如果你是一个烧烤肉食爱好者，你可以选择接受或拒绝在你的生活中增加这种癌症风险。如果我们希望大众做出明智的生活方式决定，我们只是需要在报告这些统计数据时保持诚实和透明。

人类大脑要掌握的另一个挑战是识别缓慢增加的生存威胁。这些威胁很容易被否认，往往是因为危险既不明确也不存在。例如，如果你大量吸烟，你肯定知道你面临患肺癌或死于相关心脏病的风险会增加。但这是你的身体，这是你的香烟，这是个自由的国家。所以你接受了这样的风险：你的墓碑上有八分之一的可能性会写着“死于吸烟”。[22]

为了清楚起见，你在赌一种结果，这种结果的赔率比你所寻求的大多数赌场赌注的赔率更有利。

在另一个思想实验的帮助下，让我们把速度加快一点。除了加速时间线和增加一些无端的血腥味之外，风险与之前一样。所有地区的当局都将下周二指定为“烟民日”。每8个吸烟者中的一个，随机抽一口，就会导致他们的头骨爆炸，成为人行道上倒下的无头血尸。如果你那天能幸存下来，你可以在你的余生中吸烟，最终死因肯定就不是吸烟了。

在那个致命的星期二，美国的街道和吸烟室将散布着400万具无头尸体——这个数字是美国在所有武装冲突中死亡人数总和的3倍，包括两次世界大战、朝鲜战争、越南战争和内战。这的确是一个血淋淋的日子，但头颅爆炸的情况对社会的代价要小得多，因为这种死亡方式可以省去晚期癌症患者那长期的医疗费用。

如果你喜欢抽烟，你会冒这个险吗？

当你从许多不同的角度探究相同的基本信息——相同的数据，特别是当你把你接受的风险与你拒绝的风险进行比较时，相关的细节就会凸显出来，而无关的细节就会隐没。这些都是开明的、有科学知识的观点产生的开端。

至于安全问题呢？我们都希望长寿和繁荣。如果你住在城市，与郊区相比，因各种原因过早死亡的总体风险如何？大城市一直是犯罪和凶杀的温床，但那也是大多数企业的所在地。那么，为什么不暂时住在城市里，结婚，赚一笔钱，然后搬到安全的郊区去生活？这就是郊区的作用：逃避城市生活的一切坏处的一种手段。

这是一厢情愿的选择性思维的一个典型例子。

如果这是你的推理，你的幻想已经盖过了你对矛盾数据的科学处理。撇开几乎所有学校的大规模枪击事件都发生在郊区不谈，[23]如果你把城市生活和其他地方生活的致命风险进行对比，你会发现你在城市更安全。[24]可能造成伤害的原因是不同的，但比较起来很有启发性。在郊区，交通事故死亡人数比城市的高得多，总体事故（包括溺水）、自杀和药物过量（导致的死亡情况）也是如此。所有这些加起来，平均而言，你在郊区过早死亡的机会比在大城市高 22%。[25]

这种分析只是要求你从假定的真理中退后一步，获得更广泛的视角，并以不同的方式查询数据，这些在偏见的隧道视野中都是不可能的。

关于大规模枪击事件，我曾经发布过一条推特，它本来也应该被归入我的“推特禁区”文件夹，但我错误地认为，人们在知道大规模枪击事件是该国所有可预防死亡的一小部分时会感到安慰。大规模枪击事件甚至只是所有枪支死亡事件的一小部分，情绪比数据更能驱动我们对它们的反应。我的这条推特是在 2019 年得克萨斯州埃尔帕索枪击案[26]发生后的几天内发布的。在这次枪击案中，有 46 人在沃尔玛中枪，其中 23 人死亡。我立刻在社交媒体上被斥责为对受害者和他们的亲人麻木不仁。

几年前，我曾就 2001 年 9 月 11 日恐怖袭击造成的美国 4 架飞机死亡人数提出过类似观点。那天有近 3000 人死亡，他们本都期望着回家吃饭。我指出，我们每天约有 100 人死于交通事故，这意味着到 2001 年 10 月 11 日，即一个月后，我们失去的人比 9 月 11 日死亡的人还要多。这一统计数字继续逐月累积，除非我们对此有所行动，否则不会减少。每年，超过 3.5 万人死于交通事故，然而，美国军方在“9 · 11 事件”后的反恐战争中花费了2万亿美元，[27]主要是在伊拉克。美国人很愤怒，不希望生活在恐怖状态中。这不是一个关于拯救生命的成本效益计算，而是一个关于我们感受的成本效益计算。

让我们来看另一个关于事实与感觉的例子——对在美国东北部住宅区游荡的鹿的数量急剧上升的解决方案。鹿是导致人类受伤和死亡的无休止车祸的原因，更不用说这些车祸带来天文数字的保险费用赔付。对付这种危险的一个建议是，重新引进曾经在该地区游荡的大型、吃鹿的猫科食肉动物的本地物种。

而这会出现什么问题呢？

2016年的一项研究，由9名野生动物科学家主导，模拟了美洲狮和白尾鹿之间的捕食者－猎物关系。[28]他们报告说，在30年内，一个充满活力的捕食者群体以不需要的鹿为食，可以避免21400人受伤，防止155人死亡，并节省21亿美元。自然，美洲狮偶尔也会吃人，尤其是不听话的小孩子——模型预测大约有30个。所以我们有两个选择：（1）引进饥饿的美洲狮，在30年内吃掉30个人；（2）不引进饥饿的美洲狮，让“车－鹿”事故有增无减，使数千人受伤、数百人死亡，并花费数十亿美元。

如果社会的首要任务是拯救生命，但人际的首要任务是重视我们的情感，那么我们如何在日常生活中平衡这些因素？法律和立法以及国家指令都以这个为支点。死于驯鹿事故，即使是大量的驯鹿，也会被认为没有人的过错。然而，被政府放在那里的一只大猫吃掉是可恶的事故。我们是向自己承认我们不是冷酷的数学生物，然后庆祝我们的感觉，知道它们拥有凌驾于我们的理性思维之上的力量，还是我们压制所有可能扰乱理性决策的东西？我们是否可以或应该允许情感影响立法以回应数据？

未来，随着自动驾驶汽车和其他类似杰特森（Jetson）智能飞行车的先进技术在我们的世界中出现，我们将遇到一个类似的困境。世界上97%以上的交通事故都是人为错误造成的。[29]但自动驾驶从不疲倦，也不容易受到路怒症的影响。它们的反应几乎是瞬间的。它们可以在夜间看到没有灯光的障碍物，可以看穿雾气。它们在行驶时从不发短信，即使发了也不会受影响。此外，在只有自动驾驶汽车的道路上，如果任何一辆车想改变车道（这是许多撞车事故的根源），你的车会与周围的车分享这一信息，它们就会礼貌地允许。在这一不可避免的脱离人类控制的汽车技术发展的过渡期间，不可预见的软件和硬件错误肯定会导致交通事故的发生。每个原因导致的事故可能只发生一次，因为工程师们会更新软件以防止同样的情况再次发生。这将系统地把自动驾驶汽车的死亡率降至接近于零。

自动驾驶汽车最终可能在美国每年拯救 3.6 万人的生命。如果自动驾驶汽车仍然设法杀死，例如每年 1000 人，你在情感上、法律上、社会层面上会怎么做？没有记者会对当年没有死于车祸的 3.5 万名随机的男人、女人和儿童逐一进行介绍和庆祝。即使他们真的能写出这样的文章，对那些死去的人的亲人也没有任何安慰。这就是《纽约时报》写出如下这条头条新闻的原因：

特斯拉称自动驾驶使其汽车更安全

车祸受害者说，它杀死了人[30]

标题的两部分都是真实的，但我们缺乏同时接受它们的能力。美国航空业几十年来正是经历了这种趋势。例如，在 20 世纪 90 年代，有超过 1000 人死于飞机失事。[31] 而在之后的 10 年里，不包括 2001 年 9 月 11 日的恐怖坠机事件，死亡人数只有一半。2010—2019 年的 10 年间，80 亿名乘客乘坐商业飞机（不包括包机、货运和私人航班），没有发生一起坠机事故，① 只有两人

① 2018 年和 2019 年备受关注的波音 737 MAX 坠机事故所涉航空公司并非美国本土航空公司，因此未列入内。——作者注

死于其他原因。[32] 国家运输安全委员会研究每一起事件，不管是致命的还是其他的，通常都会提出改进航空旅行安全条例的结论。更令人印象深刻的是，几十年来，航空旅行一直在增长。到 2019 年底（COVID-19 疫情暴发之前），美国国内航空公司的客运量比 2000 年增加了 35%。[33] 如果每次起飞和降落的致命事故率保持不变，那么随着客运量的增加，死亡总数会逐年上升。由于人们倾向于对纯粹的数字而不是纯粹的统计数字做出反应，因此许多人认为航空业会变得越来越不安全，即使事实恰恰相反。

在乔纳森·斯威夫特 1726 年的经典冒险小说《格列佛游记》中，格列佛有一次旅行到了澳大利亚南部海岸的一个虚构的岛屿上，那里居住着一个聪明、精致的理性马匹种族，英文名叫作“Houyhnhnms”——是的，拼写正确。在周围的森林里，游荡着一种多毛、发臭、非理性的人猿，叫作“雅虎人”。格列佛在与这些马的交谈中意识到，对它们来说，他在各方面都更像雅虎人。

作为一个书呆子，我记得第一次读这个故事时，我多么希望能像那些理性的马一样。他们的思想简洁明了，他们的决定有理有据。长大后，我发现，情绪很容易驱动人们感情用事。“Houyhnhnms”是冷酷的，没有感情的。然而，容易动感情只是人类的一个特征，而不是一个缺点。因此，感情可以，而且也许应该影响我们个人对风险与回报的平衡，即使这样做可能会让我们偶尔对我们是否做出了正确的决定感到困惑。歌手、艺术家乔尼·米切尔在1967年[34]很清楚地在歌中表达了这一点:

从现在起，我要看到生活的两面，
从胜利到失败，仔细观看，
忽然想起它曾给予我美好的幻想，
我是否从来没有懂得过生活。①

我对自己的要求是做决定前要看到准确和真实的数据，并从各个方向分析，而不是带着偏见或从狭窄的视野出发，然后再把我的情绪加在上面。最后，我必须承担我做的决定的后果。在输入所有事实和统计分析之后，我的情绪可能无法与数据相协调。这也没关系。

① 此处作者对原歌词稍做了改动。——编者注

第6章

肉食主义者与素食主义者

“人如其食”并不完全正确

在西方文化中，肉食主义者选择食物的背后往往没有理由或哲学。他们只是喜欢死掉的动物的味道——配面包、油炸、煎、腌制、烧制、烤制、加苏打和熏制。对一些人来说，吃肉就是他们所知道的一切，他们无法想象其他的生活方式。而与之相对的素食主义者，特别是那些已经皈依某些信仰的人，则会为他们的食物偏好提供各种理由。其中最常见的理由是为了改善健康和保护环境而不吃肉。他们认为，吃肉是饲养、杀害和食用生命体的可恶行径，人们至少需要避免食用那些能够体验到痛苦的生命体——即使是蠕虫也会因为被戳到而不愉快地蠕动。

虽然大多数人选择在是否赞同素食主义者这个问题上保持沉默，但总有一些福音派素食主义者试图引导肉食主义者放弃吃肉。与之地位相当的、纯粹的肉食者不多，但不可否认的是，大众对他们的刻板印象都是阳刚的、强壮的男性。我想到了一则牛肉工业委员会的广告，演员詹姆斯·加纳穿着牛仔靴，一个低沉的声音响起:“牛肉，为真正的人提供真正的食物。”广告中，他直截了当地拒绝他的烤肉串上的蔬菜，抱怨它们总是在烤架上掉下来，而肉却牢牢地留在烤串上。“下一次，就跳过蔬菜吧。”詹姆斯·加纳后来患了中风，最终在 86 岁时死于冠状动脉心脏病。如果詹姆斯·加纳不能把你拉到食肉动物的队伍中，也许耶稣可以。有多种反驳耶稣是素食者的说法。请阅读发表在《牛肉》(*Beef*）杂志上的文章《耶稣到底会吃什么？吃肉的圣经案例》(*What Would Jesus Really Eat: The Biblical Case for Eating Meat, reviewed in, of course, Beef magazine*）[1]吧。

地球上有史以来体积最大的动物至今还存活着：蓝鲸。这种哺乳动物中的食肉动物，主要吃一种一厘米长、名为磷虾的甲壳类动物，每天要吃上几吨。今天地球上体积较大的前几种陆地动物也是哺乳动物，包括大象、河马、犀牛、长颈鹿、水牛和野牛，它们都是食草动物。北极熊也在名单上，但北极熊是食肉动物。灰熊则是践行“机会主义”的杂食动物，它们饿了会吃任何它们碰到的东西，包括人类。

世界上的动物群体由食肉动物、杂食动物和食草动物构成，而当我们提到人类这一特殊的动物时，肉食主义者和素食主义者这两个词都不适用，这是因为食肉动物只吃死的或活的动物，食草动物只吃活的或死的植物，而人类肉食主义者还会吃肉以外的东西，如乳制品，素食主义者也是如此。印度的素食主义者占比约为 40%，是世界上素食主义者占比和总人口最多的国家，[2] 主要原因是印度教的宗教传统影响较大，其中包括牛的神圣性。英国约有 20% 的素食主义者，美国则有 5%，而且这个数字在 10 多年来一直保持稳定（尽管基于植物性肉类替代品的消耗在美国的快速增长，以及餐馆菜单上正宗素食选择的增加，你可能会以为美国的这一比例会更高）。阿根廷也有 12% 的素食主义者，结果他们却因为吃牛排而闻名。

如果从普通素食主义者的饮食中去除所有奶酪、鸡蛋、牛奶和蜂蜜，剩下的素食主义者就是严格素食主义者。在美国，严格素食主义者约占人口的 3%，[3] 比几十年前的不到 1% 有了明显增加，但仍在低位徘徊。

地球上的大多数人都像灰熊一样活着，晚餐有什么就吃什么。在过去的 50 年里，世界人口增加了约一倍，肉类消费却增加了约两倍,[4]这与以往无法获得这种昂贵蛋白质的国家的财富增长密切相关。尽管素食主义者一直在广泛呼吁人们吃素，但地球人吃的肉还是比以往任何时候都要多。

也许最负盛名的食肉动物是狼。大灰狼的形象，在童话故事《三只小猪》(*The Three Little Pigs*)和《小红帽》(*Little Red Riding Hood*)以及俄罗斯寓言故事《彼得和狼》(*Peter and the Wolf*)中都有出现。当故事中食肉的狼想吃掉小猪、小红帽或彼得时，或者当现实世界中的狼成功捕杀雄壮的麋鹿时，它都并不是“故意作恶”——它只是在做一匹狼而已，这是它的本性。它们杀戮时并不关心猎物的疼痛和痛苦，对所有的鱼来说也是如此。鱼在海洋中吃什么？这个问题的答案包括“其他鱼”。除了最小的鱼吃浮游生物外，没有一条鱼是食草动物。这就是为什么位于鱼类食物链顶端的大马林鱼和剑鱼体内重金属元素(比如汞)和其他有毒工业污染物的含量一直在系统性地持续增加。

在观看自然纪录片时，肯定不只我一个人会为那些被尖牙食肉动物盯上的、毫无防备的食草动物捏一把汗吧。做一个纯粹的绿色主义者并不容易。我们很高兴看到一只奔跑的黑斑羚急速地跑向一边，而不太灵活的猎豹则以75英里/小时的速度翻滚而过，它想要获得一顿美味的晚餐。是啊，猎豹也要吃饭的。

尽管地球上动物之间的“捕食者–猎物”关系处于自然状态，但争论仍然存在，即动物是有知觉的。我们作为理性的人，完全有智慧和资源来避免吃掉它们，从而尊重这些和人类平等的生命。素食主义者的这个论据很棒，即使所有被宰杀的动物可能一生都很快乐。

无论你吃什么，如果你是在当地采购食物，你就能最大限度地减少运输过程的碳足迹，这可能比斤斤计较植物来自哪里才更天然、更健康的简单素食更有利于环保。尽管这一结果取决于许多因素，而这些因素的效率是不断变化的。食物是通过船、火车、卡车还是飞机运输的？一路上有多少食物变质了？卡车的发动机是电动的还是内燃机？当地电力公司是如何发电的？还有，你所在的地区恰好有多大的耕地？

除了这些问题，美国的肉类生产效率高得惊人。例如，在所有 50 个州中，人们每年大约要消耗 90 亿只鸡，这一数字比世界平均水平高3倍。如果你计算一下，会发现每小时有100万只鸡被消耗，每只鸡在被宰杀前都要生活6—12周。是的，美国每小时都有100万只鸡被孵化、饲养、杀戮、分配和食用。在一些零售店，鸡肉几美元一磅，成了一部分你可以在市场上消费的、最便宜的蛋白质。我们在制造牛肉方面也相当高效，尽管它们在被送去屠宰之前需要更多时间——一到两年。[5]它们也比鸡占据更多的空间，不仅是在运输中，还包括在牧场上。根据地形的不同，一头草食牛需要很多亩地来放牧。[6]不想让它们吃草？可若把它们塞进饲养场，它们就会在那里产生堆积如山的粪便和汇成河的尿液。美国最大的饲养场可以将15万头牛塞进800英亩的土地，[7]经过宰杀，一头1200磅的牛可以提供近500磅的肉。[8]

牛是完全驯化的动物。没有野生的荷斯坦牛群在乡间游荡，也没有潜伏在山上的野生牛群。现代牛是人类通过对现已灭绝的欧亚原牛的选择性繁殖而在基因上发明出来的物种。这样做的目的是什么？精心设计一台生物机器，把草变成牛排，或者如果你愿意，也可以把草变成牛奶。

我在推特上发布了这句话的另一个版本，让一些人几乎失去了理智。这些反应中最引人注目的是美国音乐家和动物权利活动家莫比，他在照片墙（Instagram）的帖子中骂道：

> 我崇拜的偶像伤了我的心。德格拉斯·泰森，真的吗？你可以在推特上这么说，并对每年被人类杀害的数千亿动物所经历的、难以言表的痛苦轻描淡写？……作为一个聪明的物理学家，尼尔·德格拉斯·泰森，你听起来像一个无知的反社会者。

莫比的完整帖子和我更完整的回复在其他地方可以见到。[9]重要的是，我的声明是一个简单的事实表达，根本没有提供任何捕杀动物的意见，也没用添加“生物机器”的想象。有些人认为我的这条推特是在支持屠杀动物，而另一些人则认为这是一个直截了当的呼吁，要把所有人都变成素食主义者。更多的证据表明，我们往往带着滤镜看待问题，这会扭曲我们处理中性信息的方式。此后，莫比为自己偏激的语气道歉，但他这一有理有据的强势举动还是令我难以忘怀。

动物性食品的生产一直是工业化世界中流水线制造业的骄傲。你是否也生活在这样的地方，生命之树上不同位置的生物，包括马、鸵鸟、鸸鹋、袋鼠和狗，还有爬行动物和昆虫都可以成为食物？让我们不要忘记啮齿动物。在得克萨斯州，我曾经吃过烤松鼠，它的味道尝起来像鸡肉，里面还夹杂着一些射杀时注入的铅粒，我不得不把那些东西一个个从我嘴里拔出来，然后就没剩下多少肉能吃了。

鱼不会呻吟或尖叫。当你切开它们时，它们也不会流下一夸脱（约0.946升）的血。也许这就是为什么你很少听到它们在运往你的餐盘途中所经历的困境。我们从海洋、湖泊、河流和养鱼场拉出的脊椎动物和无脊椎动物的数量是无止境的，它们的经历肯定是超现实的——当它们在水中自由游动时，它们可能只是在“过好自己的每一天”。飞行的概念在它们的世界里并不存在，如果它们想从目前的深度上升，也是用游的。这就是它们的全部世界，是它们知道的唯一存在。然后，突然间，它们被从水中捞出来，来到一个平行宇宙，一切都不熟悉：天空，云朵，太阳的温暖。水面就是它们海洋宇宙的边缘，是它们的宇宙地平线。它们以前从未从另一个平行宇宙看到过它。几分钟后，它们就会开始窒息，在被扔进一堆碎冰后被冻死。但那些冻死的鱼还算是幸运的鱼，因为不幸运的鱼会被扔回海里，它们需要努力说服它们的鱼类朋友相信它们的经历。这像不像一个关于外星人绑架了鱼的故事?

在美国和世界各地，肉类生产的效率是以牺牲动物的幸福和尊严为代价计算的，人们通常不考虑它们的疼痛和痛苦。鉴于我们的自负和《创世记》中这一节经文的广泛影响，这是一种完全可以追溯的姿态:

神说，我们要照着我们的形象，按着我们的样式造人，让他们管理海里的鱼、空中的鸟、地上的牲畜和一切在地上爬的昆虫。[10]

除了极少数的例外情况[11]（一种素食神学将“统治”一词改写为“管理”[12]），这段话几千年来一直为人类提供着神圣的许可，让我们可以对地球上所有其他动物（无论是在陆地上、海洋里还是天空中的）为所欲为。然而，自 20 世纪 70 年代以来，动物伦理学已经孕育了整个学术哲学的子领域，[13] 并成为一个持久的行动主义主题。[14] 就算你不关心环境，你也可以很容易地仅以这些理由来证明不吃肉的合理性。

第6章
肉食主义者与素食主义者

正如我们在数学中所说的，这个论证中存在着可分离的变量。假设所有被人类食用的动物都被人道地饲养和对待；假设它们过着充实的生活，被屠宰时没有痛苦；这可能会使一些人脱离素食者的行列，特别是当你考虑到杀戮和食用动物并不是人类独有的行为时。动物王国的整个分支都是纯粹的肉食动物：狮子在捕杀斑马的同时并不渴望甘蓝沙拉，蛇不觅食浆果，猫头鹰也不会偷看你花园里的西蓝花。

如果我们重视知觉，那么我们就可以根据动物神经系统的复杂程度对其进行排名，要么不吃，要么采用某种截断方式。软体动物可以吃吗？普通鱼可以吃吗？贝类呢？也许只是不吃哺乳动物？我们是哺乳动物。哺乳动物有大脑袋，而且会哺育它们的孩子。昆虫怎么样？我听说，它们的蛋白质相当丰富。你在显微镜下见过一只昆虫吗？低倍显微镜就可以了，它的所有身体部位的细节和功能的进化水平都令人吃惊。是的，它们也有大脑，腿比我们多，许多昆虫还能飞。它们也完全知道如何与自己的同类沟通。除此之外，大多数时候，当你偷看它们的时候，它们正在快速地前往某个地方，或者做一些看起来很重要的事情。

说到软体动物，我听过这样一个故事。在20世纪70年代，马里兰州有一位名叫英格丽·纽柯克的居民。有一天她听说蜗牛可以搭配大蒜和白葡萄酒做成一顿饭，她手头刚好有大蒜和白葡萄酒，于是她就在一个晚上买了一些活蜗牛。[15]当她开车回家时，装着蜗牛的纸袋在她的副驾驶座上撑开了。蜗牛的视力很差，但它们能看到外面的光，光能吸引它们。[16]过了一会儿，英格丽低头一看，发现蜗牛已经排成一排爬到了袋子的边缘，并用它们头上那对蜿蜒的触角上面的、无辜而悲伤的眼球看着她。在那一刻，英格丽停下了车，把它们放回了大自然，并且决定再也不吃蜗牛了。1980年，英格丽·纽柯克联合他人创立了善待动物组织（People for the Ethical Treatment of Animals，缩写为PETA），这是世界上最大的动物福利组织。看来，至少对某些人来说，吃软体动物也是不行的。

人们各种吃肉或不吃肉的理由，在生命之树的某一个位置来看都是有道理的。再听听反对网捕金枪鱼的巨大呼声。海洋中，偶尔会有哺乳动物（比如海豚）在游向海面换气时被网住而窒息，[17]这的确是个悲剧。同样，在金枪鱼的身上也发生着这样的悲剧。在对死去的海豚表示同情和为拯救它们进行游说的同时，我们对死去的金枪鱼的集体关注又在哪里？我们没有为金枪鱼呼吁过，因为我们默认它们注定要被送到寿司店或超市货架上的小铁罐里。想象一下，如果一家熟食店开始提供海豚沙拉三明治作为其午餐产品，抗议者肯定会在门口聚集。不是因为熟食店提供的三明治里有死鸡、死火鸡、死猪、死牛、死鲑鱼或死金枪鱼——而是因为它提供死海豚。

以任何方式区别对待某一动物的冲动都可以被称为物种主义。想想种族主义或性别歧视。但在这种情况下，你对某种动物有偏见，可能仅仅是因为它们在生命树上与人类的遗传距离，或因为它们那令人厌恶的外观。有多少动物爱好者举着标语牌游行，要求拯救水蛭、蚊子、蜱虫、绦虫和虱子，或者拯救主要宿主是人类的麦地那龙线虫呢？我们会很快看到它们全部灭绝。几乎没有人把这些寄生虫做成毛绒玩具，但它们都是绿色地球上的生物，它们也试图像其他物种一样生存，它们不该因为没长着可爱的眼睛和粗壮的尾巴而受到责备。

按照这一论点，人们可以选择完全不吃动物，以素食者的身份生活，但在某种意义上，这就是对植物生命的物种歧视。假如你住在一个豪华的郊区，你在地下室用陷阱捕捉了一只老鼠，然后你把这只老鼠放生到野外。你感觉自己做了一件善事，因为你反对杀害动物；然而，你可能也为猫头鹰、鹰、蛇、狐狸和其他脊椎动物捕食者增加了一道美味的零食，不知不觉中为这只无助的老鼠带来了早死的命运。假如它一直生活在你温暖和安全的家中，它的预期寿命可能要长得多。[18]再假设，你的家是由多达50棵完全成熟的树建造的，[19]每棵树都活了半个世纪，[20]然后有一天，它们都被砍伐和碾压，用来制造构筑房子的墙骨、支撑房子的结构梁，以及你脚下的硬木地板。那是250吨曾经产生了氧气的植物生命啊！[21]一只胖乎乎的老鼠有一盎司①重，而一棵树在一天内产生的维持生命的氧气是老鼠体重的15倍。自然界本身更关心的是什么，是老鼠还是树，当你砍伐一棵树时，它不会流血吗？（如果没有30倍浓缩的枫树血，就没有真正的煎饼糖浆？[22]）当你包裹一棵树时，它不会窒息吗？当你拒绝给一棵树提供水和养分时，它难道不会枯萎和死亡吗？

如果无脑的植物暗地里其实是有意识的呢？这个概念可能很难被接受，因为我们对大脑的定义有偏见。现代计算机科学家在评估由人类编程的机器人是否会有知觉时，也面临类似的挑战。在对植物意识的研究中，我们将科学与伪科学进行了鉴别，现在我们知道，一个由电化学信号组成的通信网络将微生物、低地植物、动物和树木联系起来。它在脚下的森林真菌根

① 盎司，英美制质量或重量单位，1盎司合28.3495克。——编者注

系中茁壮成长，称为菌丝体。[23] 许多人认为它是一个森林万维网。参与的生命体所表达的行为已被植物学家比喻为人类的各种情绪状态，如痛苦、喜悦、恐惧和愤怒。

电影《阿凡达》中科幻世界的生态系统在一定程度上就受到了这些发现的启发——一个充满了相互联系的植物和动物生命的系外行星，它们分享感情和思考。在文学作品中，著名的有知觉的植物生命包括:《绿野仙踪》(*The Wizard of OZ*) 中令人毛骨悚然的会说话的苹果树;《指环王》(*The Lord of the Rings*) 中被称为"树人"(Ents) 的充满智慧和沉思的古老树木；以及来自 X 星球的几乎不识字、可爱的名叫格鲁特的一大块浮木，它在《银河护卫队》(*Guardians of the Galaxy*) 系列漫画和电影中的出现最为出名。在 1982 年的电影《E.T. 外星人》(*ET: The Extraterrestrial*) 中，那个和蔼可亲的外星人 E.T. 对照顾植物很有办法，它可以伸出发光的食指神奇地治愈垂死的植物，也许这是一种天赋。据我所知，E.T. 最初的构想灵感实际上就是一种有知觉的植物而非动物。[24]

这些例子都是好莱坞的情结。让我们转而进行一个外星思想实验。想象一下，有一群外星人来拜访，他们从星光和矿物质中获取所有的能量和营养。他们会如何看待地球上的生命？

他们会看到自己的表亲——所有能进行光合作用的生物，为其分类的多样性感到高兴，从湖泊和池塘中的微小蓝细菌到美国西北部的强大的红杉树，它们的寿命长达数千年。他们会把所有其他生命看成无可救药的野蛮人，为了生存而杀害各种生物。他们会把人类视为顶级掠食者、暴力的持久传播者，并分为杀戮和食用动物的人、杀戮和食用植物的人。

即使在嬉戏时，我们也是野蛮的。从 20 世纪 50 年代到 90 年代，数以百万计的儿童在电视上看着口技表演者沙里 · 刘易斯与她可爱的袜子木偶（名为“羊排”）交谈。1993 年，“羊排”甚至在美国国会就推动高质量的儿童电视表态。[25]“羊排”，一个非常可爱的名字，直到你想了 5 秒钟，才意识到这个木偶的名字所对应的画面是：你宰杀了一只羊，一只幼年羊羔，撕掉它的小肋骨、烤制它，然后得到了一顿羊排大餐。如果你有一只宠物猪，你会给它起名叫“火腿”吗？如果你有一头宠物牛，你会给它起名叫“肋骨”吗？潜意识的信息表明，羊排不是一个木偶，羊排是一顿晚餐。

虽然这很病态，但来访地球的外星人一定会对地球素食者屠杀他们的植物兄弟这件事感到特别愤怒。不仅如此，对植物繁殖器官（花、种子、坚果、浆果）感兴趣的素食主义者选择吃掉它们，也是在破坏植物的生命周期。

许多吃水果的哺乳动物也喜欢吃这种零食，它们常常把硬壳种子整个吞下，然后这些种子会毫发无损地通过它们的消化道。到那时，动物已经游荡到了种子出现的新地方，嵌入自由的肥料。通过与饥饿的哺乳动物的共生关系，这种植物已经被动地在整个乡村传播它的存在。大自然不是很美吗？然而，我们人类会用我们的臼齿将水果和浆果的种子磨成浆。那些我们碰巧完整吞下的种子并没有这些传播植物的生命周期，因为我们（通常）不会在空旷的草地上大便。

这还没有结束。野蛮的人类会进一步寻找植物最年轻的版本来收割。否则，为什么杂货店的农产品货架上会有小胡萝卜、小菠菜、小芝麻菜、小洋蓟、小南瓜和小豆芽？这样的例子不胜枚举。

人类生存的一个直截了当的事实是：我们的三种能量来源（蛋白质、碳水化合物和脂肪）都来自我们杀害和吃掉的生态系统中的其他生命形式。我们可以从环境中获得一些必要的矿物质（比如盐），但你不能依靠矿物质生活。有两种食物高于“我必须杀戮才能生存”的生活方式：牛奶和蜂蜜。两者结合起来，含有丰富的蛋白质、碳水化合物和脂肪，而且不需要任何生物的死亡就能让人类获得营养。如果你不以其他方式代谢阳光，“牛奶和蜂蜜”饮食将可能是你在地球上生活的最不暴力的方式。

请注意，牛奶和蜂蜜被明确排除在严格素食者的饮食之外，理由是你在服用为小牛和蜜蜂准备的食物。我想，哺乳期的奶牛和蜜蜂不希望它们的宝贵营养被拿走，尽管它们可能制造了更多的营养。在任何情况下，严格素食主义者的哲学倾向于杀死植物来获取营养，而不是从奶牛那里偷奶，从蜜蜂那里偷蜜。

鉴于食品创新的速度，我们可能很快就会产生整个实验室培养的肉类美食。这些培养的蛋白质看起来像肉，吃起来像肉，因为……它们就是肉。生产线根本不需要你去饲养和杀死任何生物体。这些产品可以注入维生素、矿物质、微量营养素，甚至是厨师定制的口味，不需要再在家里进行调味。许多尝试这样做的公司甚至已经公开上市了。[26] 因此，市场正在为该行业的蓬勃发展做好准备。把牛奶和蜂蜜扔回这个组合，如果素食主义者跨越鸿沟返回，我们可能会看到一个文明的未来，在那里，植物和动物都不被杀死以支持人类的生活。这样我们就能在不吃植物的愤怒外星人和不吃肉的愤怒外星人的下一次访问中得到保护。除了我们彼此之间的所有杀戮，他们可能会把我们视为银河系中最热爱自然的物种。

吃植物和吃动物之间还有一个滑稽的真实区别。成功的电视制作人查克·洛尔也许因与他人共同创作了热门情景喜剧《生活大爆炸》（*The Big Bang Theory*）而闻名，他在每一集的结尾都会发布他所谓的"虚荣卡"（vanity card）。他用这些卡片对某个主题进行简短的评论，它们在屏幕上仅有一两秒钟的可见时间。它们所包含的文字远远超出了在这段时间内可以阅读的范围，所以人们得看后在互联网上搜索才能找到它们。在提前为他可能得罪的人道歉之后，洛尔的第536号卡片包含以下攻击：

> 素食主义者和严格素食主义者是流动性很大的人。他们认为，如果一个生命体不移动，它被杀死和吃掉就是一场游戏公平的结果而已……这种可恨的哲学的前提是，运动等于意识，或者如果你愿意，运动等于某种程度的神圣性。当然，当你问

素食主义者和严格素食主义者时，他们说不，他们只反对吃肉。但还有什么能比蘑菇更害羞呢？或者牛油果，其他植物？丑陋的事实是他们是胆小鬼，他们谋杀和吞噬任何不能逃跑的东西。[27]

他担心他的叔叔默里，因为他经常在电视前一动不动地坐上几个小时。像植物生命一样，默里叔叔几乎不动，所以他可能被素食主义者发现并吃掉。这里我啰唆一下，洛尔写的是成功的情景喜剧。所以这一点讽刺应该被看作娱乐。他非常擅长他的工作，如果你在谷歌搜索引擎中输入“大爆炸理论”，排名靠前的都是他的电视节目。你必须再往下翻，才能找到任何关于宇宙起源的讨论。作为一个天体物理学家和教育家，我仍在试图弄清楚这到底是一件好事还是一件坏事。

查克·洛尔将动物生命的神圣性作为一项素食法令进行了简要论述，其根源很深，尽管 17 世纪荷兰多面手克里斯蒂安·惠更斯更进一步。惠更斯将植物和动物归为一类，并在它们和自然界的其他部分之间提供了一个神圣的比较：

我想没有人会否认，在植物和动物的生长过程中，比起一堆无生命的身体，生命有更多的计谋和奇迹……因为上帝的手指和天意的智慧，在它们身上体现得比其他东西更清楚。[28]

也许这一切都是神圣的。也许有一天，善待动物组织会遇到一个对手——善待植物组织（People for the Ethical Treatment of Plants，缩写为PETP）。也许人类是宇宙自然秩序中的一个奇特的反常现象。对于灰熊或北极熊来说，我们算什么？我们是有知觉的生命吗？我们有组织或表达它们的艺术、哲学、科学和文明的能力吗？不，我们只是一堆散装的肉，我们人体的每一部分都是肉。漫画家加里·拉森和他的病态幽默感在一幅漫画中出色地表现了这一点。这幅漫画描绘了一只饥饿的北极熊在冰屋顶部咬开了一个洞，并兴奋地向同伴描述将人类作为食物的这顿饭："外面很脆，中间很有嚼头！"

在1990年首次发表在《奥秘》（*Omni*）杂志上的一篇题为《它们是肉做的》（*They're Made of Meat*）[29]的短篇小说中，科幻作家特里·比森会让你后悔自己身为人类。我们会读到两个空灵的外星人之间的对话，其中一个努力向另一个解释，地球上的人类完全是由肉做的。从他们那精辟的对话片段中，我们可以捕捉到他们的惊奇：

它们是肉做的。

肉?

肉，它们是肉做的。

肉?

毫无疑问。我们从地球的不同地方挑选了一些，带上我们的侦察船，一路探测。它们完全是肉。那是不可能的。无线电信号呢?给恒星发的信息怎么样?

他们用无线电波交谈，但信号并不来自无线电波，而来自机器。

那么是谁制造了这些机器?这就是我们想联系的人。

他们制造了机器。这就是我想告诉你的，机器是由肉制成的。

这太荒谬了。肉怎么能做成机器?你居然想让我相信肉是有知觉的。

第一个外星人后来试图描述人类如何交流:

你知道当你拍打肉时会发出声音吗?他们互相拍打着肉说话。它们甚至可以通过向肉中喷射空气来唱歌。

为了提供更多的视角，可以想想生命树中大大小小的所有物种都是地球陆地、海洋和空气生态系统中的当代参与者。世界上已知最大的生物是一种重 3.5 万吨（接近泰坦尼克号重量的三分之二）的蘑菇。这种巨大的真菌潜伏在地下，在俄勒冈州的蓝山中绵延数英里。如果你很难发音，很难记住属名和种称，也可以将其简称为奥氏蜜环菌（Armillaria ostoyae）。蘑菇占据着它们自己的生命王国，在进化史上，蘑菇与动物的分离要晚于我们的共同祖先从绿色植物中分离出来的时间。因此，人类和蘑菇在基因上比我们或蘑菇室与植物王国中生长的任何东西都更相似。

也许这就是我们通常说蘑菇味道“像肉”的原因，这是从未被用来描述羽衣甘蓝的比喻。我们似乎正在食用着“远古的自己”。

第7章

性别与身份

人们的共同点多于不同点

现代文明中的分界线似乎无穷无尽。我们心甘情愿地按照头发颜色、皮肤颜色、吃什么、穿什么、崇拜谁、和谁睡觉、说什么语言、住在边界的哪一边等来划分自己。在宇宙中，天体物理学家对这种做法并不陌生。物质和能量表现出惊人的广泛属性，包括大小、温度、密度、位置、速度和旋转的测量。在某些情况下，自然界干净地划分为我们可以明确定义的类别，如一种物质是固体、液体还是气体。在你的生活中，你可能从来没有为如何分类而感到困惑。

尽管这些区分本身也有问题。

你可能听说过，即使不是美国山地时区的居民，在高海拔地区，也必须增加烹饪时间，以补偿那里的低气压。但几乎没有人告诉你原因。液体的沸腾温度不是某种普遍的常数，它取决于液体表面的空气压力。如果你所在的地区气压较低，那么水将在较低的温度下沸腾，因此你得延长烹调食物的时间。继续降低气压，水的沸点不断降低。如果你把气压降到远低于你会窒息而死的水平，那么在这个压力和相应温度下，水会一边结冰一边沸腾。在这些神奇的条件下，水的固态、液态和气态都能愉快地共存，这就是所谓的水的三相点（the triple point of water）。火星表面正好满足这些条件。因此问题是："水在三相点的状态是什么？它是固体、液体还是气体？"简单的答案是，这 3 种状态同时存在。这是一个奇怪但准确的答案，如果你放下对周围一切事物进行分类的冲动，答案就完全合理。

要求物体、事物和思想适合于整齐的类别，显然是一种对模糊性的、深层次的无力感。你支持还是反对我们？也许答案介于两者之间。我们却不承认这些答案，仍全力以赴地斗争着。

波粒二象性（wave-particle duality）的概念曾困扰着许多人。"波粒"一词从未流行过，也许它应该流行起来。人们对此苦苦思索，常常抱怨道："这种物质算什么，波还是粒子？它一定是其中一种或另一种。我必须要弄清楚！"简单的答案是，物质既表现为波，也表现为粒子——放过它吧。

人们更耳熟能详的实验是：薛定谔的猫[1]在这个封闭的盒子里到底是死是活？如果你打开盒子，这只猫肯定不是死就是活。然而量子物理学告诉我们，如果你不打开盒子，这只猫就既是死的也是活的。你也要克服这个问题，大自然没有义务去适应我们解释现实的有限能力。薛定谔的猫仅仅是个开始，当你在阅读本书时，量子计算正在发明中。这是一个新的领域，包含了这个世界上真实问题的统计不确定性和二进制模糊性。在经典计算中，所有的计算和所有的数据都是根据一个“比特”的价值是 0 还是 1 而来的。是的，我们的信息科技世界是二进制的。

量子计算则使用“量子位”（qubits）。一个量子位可以是 0 或 1，就像它的经典表亲一样。但一个量子位也可以是 0 或 1 的连续组合：很少的 0 和很多 1；很多 1 和很少的 0；或者两者数量相等；或者两者按任意比率组合。在量子术语中，我们称这是两种状态的叠加。不知道一个量子位是 0 还是 1 并不是量子计算的缺点；这是一个令人羡慕的特点，它挑战着我们的二进制大脑——让我们拥抱它。

在宇宙中，两个或多个看似矛盾的事实可以同时为真。而在地球上呢？你可以既是男性又是女性吗？你可以两者都不是吗？你能在作为一个男人和一个女人之间流动吗？你的性偏好也是流动的吗？也许我们都是“男性—女性”的量子位。这样的问题对一些人来说是很难理解的，因为他们所处的文化环境把世界看成一个二元对立的僵化类别，事物必须是一个或另一个，而不是在一个连续体上。

对颜色的分析也为人们提供了洞察力。为了简单和方便，我们常把彩虹的颜色简化为太阳可见光谱上的7种颜色：红、橙、黄、绿、蓝、靛、紫。你很容易记住这个顺序，它们的英文首字母连起来有点像某个人的名字，“Roy G. Biv”。我们承认这7种颜色，偶尔省略不常见的靛，留下6种颜色代表彩虹，比如现代的、风格化的美国全国广播公司（National Broadcasting Company，缩写为NBC）孔雀标识和传统的LGBT（性少数群体）运动的旗帜。令天体物理学家深有体会却几乎没有人谈论的是，从红到紫的颜色分布其实是一个连续体。如果我们拥有描述它们的视觉敏锐度和相应的词汇，我们可以识别出成千上万的颜色和色调。在彩虹的任何地方都找不到鲜明的界限。光的颜色形成一个连续的波长序列，它也符合能量和频率的变化规律。当天体物理学家谈论一个物体的颜色时，他们可以很精确地用特定的光的波长来表述，而不是我们日常所说的“红橙黄绿蓝靛紫”7种颜色中的任一种。

目前“彩虹旗”所代表的字母组合是“LGBTQ+”，包括女同性恋者、男同性恋者、双性恋者、变性人、同性恋者，以及其他不符合性别和性身份的人。在这些词中，表示男同性恋的“GAY”和表示不符合性别身份的“酷儿”一度是贬义词。社区和相关运动收回了这些词，消除了用这些词压迫他人的机会。根据最新的统计，至少有 17 个不符合规定的名称，[2] 每个名称都是指那些不属于顺性别异性恋的人类同胞，指一个人的内在身份和性别与他们的指定性别相一致，而他们的性偏好则是“异性”。在 20 世纪的大部分时间里，我们在电影和电视的故事中看到的基本上都是这种双性恋的形象。那些不符合这一模式的人并不仅是故事中碰巧出现的无关角色，相反，他们往往被挑出来接受喜剧性的、口头的或身体的虐待。在 1961 年版本的电影《西区故事》（*West Side Story*）[3] 中，一个英文名叫 Anybodys 的孩子想成为男孩组织飞机帮的一员。她有一头短发，一张肮脏的脸；她很活泼，很好斗；她穿裤子。这个典型的“假小子”一点也不娇气。可是，他们不会让她加入飞机帮，因为她是个女孩——在当时的性别观念里，如果你不是一个男孩，你就是一个女孩。飞机帮的帮派领导人里夫、阿拉布和其他帮派成员均对她的加入表示拒绝：

里夫：你不行，Anybodys。走开。

Anybodys：哦，里夫，你得让我留在帮派……我是一个杀手。我想战斗。

阿拉布：她怎么会让一个男人碰她呢?

里夫：走吧，滚吧，小女孩！滚！

飞机帮：滚吧！

那时的世界相当二元化，如果某人不按他或她的性别行事，几乎所有人都会觉得离经叛道。

这种有关性别的故事深入人心。你可能已经猜到了,《圣经》里有一节关于它的内容:

妇女不可穿戴男子所穿戴的；男子也不可穿妇女的衣服，因为这些行为都是耶和华，你的神所憎恶的。[4]

显然，宇宙的创造者关心你对衣着的选择。在战斗中留着短发、穿着男装的圣女贞德是 Anybodys 的同类，而这成为她后来在审判中被定罪的关键，最终，她于 1431 年被烧死在火刑柱上。[5]

归类和创造“他者”的冲动很强烈，或许这是因为，对于是否存在这样一种联系——将你与他人或与任何在你看来不同于自己的人连接起来，这着实难以想象。生物学本身不会把你从这个问题中解救出来。自然界中性别二元论被高估了，往往充斥着例外，这不仅在我们自己身上如此，在动物界的其他地方也是如此。[6]

一个寒冷的冬天，在纽约市的地铁上，我观察了每一个坐着的人——典型的赶着去上班的成年人。几乎所有人都穿着蓬松、温暖、深色的大衣，所以看不出体形。你能清晰看到差异的只有他们的头。还要注意的是，我们的腿的长度几乎承载了人类所有的身高差异。当我们坐着的时候，我们的身高大致相同，这就是为什么驾驶汽车的座椅向前和向后调整的范围远远大于向上和向下调整的，有些座椅甚至根本不能上下调整。当时我在脑袋里做了一个性别测试：我能否仅从他们的脸识别出谁是男性，谁是女性？这似乎很容易，我甚至先从中剔除了那些明显性别特征的样本。我所依据的是关于男性和女性从脖子往上看应该是什么样子的社会规范。对于这个样本，数据是二元化的，只有两种结果。平均而言，女性的头发较长。她们更有可能戴耳环，如果她们戴了，耳环也通常更大；她们的眉毛会被修剪；她们更有可能化明显的妆，如涂上眼线、睫毛膏、腮红和唇膏；她们更有可能佩戴明显的首饰，如项链、引人关注的戒指和手镯；她们的手更有可能涂有指甲油。

当然，有些男人也表现出这些特征中的一部分。但权衡所有因素，谁是男人，谁是女人，是一目了然的。这时我意识到，我的判断标准百分之百建立在二级和三级特征上——所有这些特征都是社会规范。然后，我仔细想象了一下地铁上的大多数人都没有这些装饰品的情况。这是一项艰难但并非不可能的事。在这样做的时候，我无法将一种性别与另一种性别区分开来。是否有一个典型的女性形状的脸或男性形状的脸会向我透露他们的性别？鼻子、额头、颧骨、下颌线、嘴唇？我没有发现任何趋势。在阅读相关文献时，我发现有评论说，相对于女性而言，男性拥有明显“男性化”的下巴和眉毛。[7] 随之而来的注释是，如果一个女人有这些特征，那么她只是有一张男性化的脸；而如果一个男人有柔和的面部特征，他就是女性化的。那他们应该宣称，所有人的脸部特征都包括柔和或明显的特征，而不能仅凭这些就判定一个人的性别。

这时，我想到了我们所有人在性别表达方面的大量“投资”。想让自己看起来更像个男人？也许可以留个胡子，而且一定要去健身房，练出一些肌肉，只在百货公司的男装区买衣服。时尚设计师已经为你考虑到了这一点，可以选择能显示你新体格的衣服。想让自己看起来更像个女人吗？把嘴唇上方、眉毛之间、小腿以及其他你认为影响形象的地方的毛发去除。因为大家都认为，男人有毛，女人没有。胸部不够大？这些很重要，因为男人没有乳房，而女人有。所以为什么不凸显这一点？穿上能突出你尺寸的胸罩，或者去隆胸，美国每年有 20 多万女性这样做。[8] 只从百货公司的女装区购买衣服，他们肯定知道你应该是什么样子的。

如果没有这些可用的工具和社会标准，如果没有我们在性别表达方面的日常投资，我们彼此之间到底会有多大区别？我们会变得雌雄同体吗？有没有大衣有多不同？信不信由你，圣诞老人的驯鹿就是这个问题的例证。与其他鹿类不同，雄性和雌性驯鹿都会长出鹿角。因此，一眼望去，它们看起来都是一样的。但在动物学上，所有雄性驯鹿都在深秋时节失去鹿角，远远早于圣诞节。[9]尽管它们的名字中只有一些是偏“女性”的，[10]但所有圣诞老人的驯鹿都有鹿角，所以它们都是雌性，这意味着那只为圣诞老人拉雪橇的、著名的红鼻子驯鹿“鲁道夫”被错误地归类了。

即使事先充分意识到重要的特征是连续的，并不适合简单的分类，我们还是倾向于对信息进行分类。萨菲尔·辛普森飓风等级将飓风分为5类。[11]不是9类，也不是22类。它们之间有明显的界限，以持续风速来衡量。

1级	每小时74—95英里
2级	每小时96—110英里
3级	每小时111—129英里
4级	每小时130—156英里
5级	每小时超过157英里

这些界限有什么神奇之处？完全没有。当转换为公制单位时，它们甚至都不是整数。结构工程师萨菲尔和气象学家罗伯特·辛普森在1973年实施了这个分类。他们将风速与当时的住宅和建筑所遭受的结构性破坏程度联系起来。时至今日，天

气预报员们等待着飓风的强度从一个类别增长（或缩小）到下一个类别。这种升级算得上是突发新闻。气象学家通常会适时报告“飓风希尔达已从 3 级加强到 4 级”，但很少会说“希尔达飓风已经从 3 级中的较低水平加强到 3 级中的较高水平”。弱 3 级飓风和强 3 级飓风之间的区别比强 3 级和弱 4 级之间的区别更大。然而，由于我们只把飓风的强度扔进了代表 5 个等级的抽屉，这种区别就消失了。这没有什么坏处，除了再次表明我们的大脑在连续体认识上做得不好，从而更喜欢制造自然界本身不提供的类别。

分成多少个类别才合适？甚至，这是一个正确的问题吗？

宇宙浩瀚多变，每天都在迫使科学家们面对、适应、衡量和分析各种多样性。作为一名天体物理学家，我很容易就接受了 6 色的彩虹旗，将其作为所有人的全光谱标志。该旗帜的新版本采用了更多的颜色，使人们明确注意到更多的、以前未被承认的、不符合规定的群体。[12]这使国旗从连续光谱的象征变成了离散群体的代表。有一天，我们可能会发现或以其他方式确认根本没有离散的类别，因为多维的性别宇宙沿着一个连续体展开，就像阳光中包含的颜色。这将大大削弱仇视同性恋和变性人的偏执者所谓“他们在某种程度上，与自己同物种的其他成员是分开的，具有不同的权利”的偏见。

许多人都会捍卫人们作为美国公民所珍视的自由，反对头盔法、枪支法、安全带，以及反对其他任何限制一个人以他们想要的方式生活的东西。奇怪的是，这些人中的许多人却同样维持或寻求法律来限制另一个人对其性别认同的自由表达。[13]然而，我在某处读到，生命和自由是美国的基础，是从1776年开始的关于如何成为一个国家的开创性实验；我在某处读到，对幸福的追求是值得为之奋斗的事情；我在某处读到，美国是自由的国度。除非这个实验中的参与者接受理性思维，超越自己，回头看看感染他们的思想和决定的虚伪，否则这一切都不会是真的。想象一下，如果我们都进行“虚伪”的宣誓，世界将会多么自由。

声称自己拥有道德标准或信仰，而自己的行为却与之相悖，这样的事我这辈子都不会做。

第8章

颜色与种族

再一次，人们的相似大于不同

20世纪初，人们在分析恒星的光谱时发现它们有许多不同的类别。当时，一屋子的计算机按照“光谱类型”对数以万计的恒星进行分类，将它们分成15个类别，由不同的字母加以表示。后来，有了更好的数据和对量子物理学的理解，这些类别被删减，并进一步划分为10个编号的子类别，以及其他9个主要由罗马数字表示的类别，以追踪恒星的演化状态。在最近的几十年里，一些在编纂原始数据时尚未发现的非常暗淡的恒星被发现，科学家们赋予了它们新的编号。因此编码系统新增了30多个，将进一步为高度在普通恒星之上的、具有不寻常或奇特特征的新发现恒星进行分类。

站在那一屋子计算机背后的，是有智慧的碳基生命——这是一个兼具计算能力与科学素养的女性群体，由哈佛大学天文台的男人们雇用，专门负责烦琐的测量和所有数据的记录工作。[1] 尽管这其中隐含着一丝性别歧视的味道，但这项工作使我们认识到了银河系和整个宇宙中的恒星有其连续性。为了便于日常讨论与科学研究，我们将其分成了数百个类别。如果你感到好奇，我可以告诉你，太阳的光谱类型是 G2V、北极星的是 F7I。

在地球上，许多地方会给你的皮肤贴上黑色、白色或棕色的标签。实际情况往往也的确如此：在美国，当你向警察报告你目睹谁在犯罪时，他们只期望你从这 3 个类别中选出一个。多么让人惊讶！人类肤色千千万，美国人却只用 3 种色调来概括，而且不知为何，似乎每个人都接受了这种分类。也有人觉得可以在这 3 种肤色的基础上增加红色和黄色，想要将美国原住民和亚洲人也囊括进来。但是没有人的皮肤真的用上述这些颜色就能概括：白人走在雪堆前时不会消失；肤色可以很深，但没有人是纯黑色；你也肯定没有遇到过肤色是大红或柠檬黄的人。因此，我们的这种颜色分类方式只是出于一种懒惰，并满足了我们可能存在的种族主义倾向。想想看，美国前总统巴拉克·奥巴马的母亲是有欧洲血统的美国白人，他在肯尼亚出生的父亲是真正的非裔美国人。奥巴马来到这个世界时，肤色介于两者之间，即浅色皮肤的黑人。在美国，奥巴马是第一位黑人总统；但如果奥巴马是某个非洲国家的领导人，那么，该国同样可以合理地将他视为他们的第一位白人总统。

在天体物理学中，有一个描述不发光天体反射本领的术语叫“反照率”（albedo）。我们在分析一个星球的表面吸收了多少太阳能，并将之与云顶或闪亮的地形所反射的能量相比时，经常使用这个词。反照率为 0 的表面会吸收所有进入该表面的能量，反照率为 1 的表面则将能量全部反射出去。地球的反照率在所有地区和所有季节的平均值，大约为 0.3，这意味着我们反射了 30% 的太阳能量，吸收了 70%。一个星球吸收的能量驱动着它的气候变化。因此有些人提出，解决全球变暖问题，可不通过减少温室气体的足迹，而通过在平流层的高处注入反射粒子，[2] 这将增加地球的反照率，并减少可供地球吸收的阳光量。

如果你真的想记录人们皮肤的亮度或暗度，你可以测量每个人的反照率。这样做将定量地揭示一个明显的事实，即世界上的人与人之间存在着连续的反照率变化。对世界上深居简出的原住民群体的研究显示，地球上的纬度与人类皮肤黑度之间存在着强烈的对应关系：离赤道越远，越接近两极，皮肤就越浅。[3] 根据这一标准，如果圣诞老人是北极的土著，他将是有史以来最白的人，如此一来，我们平时偶尔在故事中描绘黑人圣诞老人的努力，虽然是出于包容性的崇高追求，但实则根本不真实。同样的道理也适用于白人耶稣的形象，耶稣来自阳光明媚的拿撒勒（北纬32度），他的肤色很可能比文艺复兴时期壁画上的和好莱坞电影里一直以来描绘的形象还要更深一些。

世界上的“土著肤色图”，与来自太阳的有害紫外线到达该纬度的地球表面的程度相关。[4]我们知道，黑色素是一种深色的皮肤活性成分，它可以消解99.9%的紫外线。我们还知道，紫外线可以破坏皮肤细胞，导致晒伤，甚至引发癌症。皮肤色素的出现是人类进化的一个奇妙的适应性特征，事实上，它可以通过几种不同的基因组途径实现。[5]然而，有些人坚持将我们的物种分为仅有的几种颜色。

这很奇怪，因为在你所居住的地方，在商店的假发产品货架上可能会展示不少于100种颜色的假发，每一种都有独特的颜色名称，比如朱砂浆色、肉桂棒色、黄铜色、巧克力色、肉豆蔻色、巴西黄昏色、花椒色、烤栗色、撒哈拉金色和沿海沙丘金色等，这还只是某一个品牌中的某一系列的一小部分。[6]此外，化妆品货架也试图精确地匹配你的皮肤颜色。由于大多数化妆品的目的是与你的自然肤色相融合，化妆品公司被迫在一个连续变化的肤色色谱上设计产品。专业的化妆师堪比艺术家，他会混合一系列的基础颜色来匹配你的肤色。如果我们借用量子语言，把一个人的肤色想象成一种状态的叠加，化妆品通常不会用文字做颜色分类，而是用数字或字母或两者组合来表示“色号”，因为这样更精确和细微，就像星星的光谱分类。我曾经在某一次上电视节目前化妆时偶然得知，在魅可（MAC）的一系列化妆品中，最接近我面部肤色的遮瑕膏色号是 NW55。除了化妆品，真正的色彩之王是室内装饰师。想知道该用什么颜色刷墙吗？本杰明·摩尔列出了数千种可供选择的色调，单是白色和黑色就分别有 170 多种和 50 多种，所有这些颜色都各有一个独具创造性的名称和一串数字代码。[7] 这进一步证明，如果我们愿意并且真的努力，我们其实可以接受用更多的颜色类别来向警察描述人们的肤色。

所以我们究竟为什么要给肤色分类呢？除非你打算以某种方式使用它。如果一个群体压迫另一个群体，不管是无意的还是有意的，你都希望得到关于压迫程度的数据，这样你就可以纠正这个问题。然而，有了同样的数据，邪恶的当权者可能想要放大这种不平等，这正是南非种族隔离制度下发生的事情。1950 年的《人口登记法》（The Population Registration Act）

按照肤色分出白人和黑人，以及多个子类别的其他有色人种，其中包括混血儿和亚洲人，这使得少数白人当权者能够制定法律，对每个人按社会、政治思想、教育背景和经济自由进行不同的规定和分层。

群体外的仇恨真的只是因为拥有不同的肤色吗？显然不是。爆发于欧洲的第一次世界大战和第二次世界大战主要是那些肤色很浅的人互相残杀，最终导致了约超过8000万人死亡。如此看来，语言、种族、政治和文化价值观的差异比肤色差异更能引发冲突。这种偏见何时停止？英国支持的爱尔兰共和国内部各派别与北爱尔兰的抵抗力量之间长达30年的流血冲突，被礼貌地称为“麻烦”，基本上是爱尔兰天主教徒与爱尔兰新教徒之间的冲突。如果从更宏观的视角出发，无论是从种族、地理、国家还是平流层来看，这都是白人基督徒在寻找理由屠杀其他白人基督徒。在那段时间里，有超过3500人死亡，这严酷的事实提醒着我们，虽然肤色可以使一个人轻易成为他人仇恨的目标，但这并不是凶手想要杀人的先决条件。

在2020年5月25日乔治·弗洛伊德被明尼阿波利斯警察谋杀后，美国和其他地方盛行的清除涉种族主义历史者公共雕像的运动再次掀起热潮。2020年，100多座纪念碑被拆除，其中大部分是美国南北战争的指挥官雕像，他们都穿着全套制服，许多人骑着马。像这样的雕像，特别是那些在弗吉尼亚州里士满的纪念碑大道上默默守候的雕像，都让我想起了奴隶制。自南北战争以来，我们已经走过了漫长的道路。我曾取得弗吉尼亚州里士满大学的荣誉博士学位，我还在美国南方的摇篮和罗伯特·李将军的出生地获得了一些荣誉，毫不谦虚地说，我一生中所取得的许多项成就对这些邦联领导人来说都是不可想象的。

是的，这是一种进步，但这些雕像还是唤起了我对这个国家最黑暗时代的记忆。我并没有因为这些想法而变得软弱，但它们确实代表了我支付的一种社会情感税。也许这些人都是他们社区中善良而高尚的成员；也许他们是虔诚的基督徒，每个星期天都去教堂；也许他们曾经帮助拯救过困于树上的猫……可能这些都是真的，但这并不是铸造这些骑马雕像来纪念他们的原因，纪念这些士兵是因为他们保卫南方的生活方式不受北方侵略者的破坏。但是，南方的生活方式在经济上和文化上都与 400 万被奴役的非洲人的命运联系在一起，这些人口足足占南方人口的 1/3。[8] 当你想拥有优越感的时候，一个关键的步骤是：不能让愚蠢的、低等的黑人到处走动，而实际上他们比你更有教养。

下面的几句话说明了一切——来自1836年南卡罗来纳州代表詹姆斯·亨利·哈蒙德在国会发表的、长达2小时的为奴隶制辩护的演说。对他来说，奴隶制是:

> 仁慈的上帝赐予我们这个光荣的地区的所有伟大祝福中最伟大的一个。因为如果没有“奴隶制”，我们肥沃的土壤和富饶的气候就会白白地赐给我们。事实上，在我们享受奴隶制的短暂时期内，我们南方国家的财富、天才和礼仪都已成为众所周知的事实。[9]

这些知识使我无法将联邦的军事雕像看作对乡村和农业历史的古朴提醒。它们也不会让人对一个崇高的、已经消失的事业产生同情心。没有非洲奴隶贸易，就没有浪漫的种植园来满足南方对自己的玫瑰色回忆。

在这场拆除或重新安置雕像的运动中，美国自然历史博物馆（American Museum of Natural History）① 成功地呼吁拆除正门前由詹姆斯·厄尔·弗雷泽设计的西奥多·罗斯福的巨大雕像。罗斯福先后担任过纽约市警察局局长、纽约州州长、美国

① 自1996年起，我便一直担任着美国自然历史博物馆海登天文馆馆长。——作者注

副总统，当然还有总统，任期为1901—1909年。继自由女神像之后，美国自然历史博物馆里的罗斯福雕像（见图8-1）成为整个纽约市最为高大的雕像之一。他骑在一匹雄伟的马上，马的一只蹄子高高扬起，这是他在军队中服役的形象。虽然他是美国陆军上校，但他的穿着不是制服，也不是总统的西装和马甲，而是卷起袖子的休闲装。这座雕像为什么会有争议呢，会不会是因为他的言论？这里有一段来自1905年他在纽约共和党俱乐部令人难忘的讲话，内容是关于那些不幸生来就有黑皮肤的人：

问题是如何调整两个不同民族类型的种族之间的关系，使他们的权利既不受到限制也不受到损害；落后的种族得到训练，使其能够拥有真正的自由，而先进的种族则能够不受伤害地维护其祖先创造的高度文明。[10]

请记住，当时的共和党人对社会和世界持有相对进步的看法。在这里，罗斯福并不希望重新奴役黑人。他想让他们参与追求“美国梦”，不管他们落后的道德和智力允许他们参与到什么程度。

第 8 章

颜色与种族

图 8-1　曾经竖立于美国自然历史博物馆里的罗斯福雕像

罗斯福是一个博学的人。他的一些想法深受当时流行的优生学的影响，虽然哪天他自己肯定也会产生这样的想法。这是关于如何通过培育好的特征和压制坏的特征来创造一个更好的人类种族的学术研究。怎么做？只需要阻止不良分子制造婴儿，或者在被优生学家诊断为“弱智”的情况下，对他们进行绝育以防止繁殖。这个社会生物学的分支（包括哈佛大学甚至美国自然历史博物馆等著名机构的主要倡导者）影响了美国的政治、法律、移民规则和社会秩序长达几十年。[11]鉴于罗斯福所处的时代就是如此，我打算谅解他的思想，并将大部分（当然不是全部）责任归于与他同时代的科学家。

无论如何，罗斯福关于种族的引文都不是使这座雕像引发争议的原因。除了担任过高级职务之外，他还撰写了大量关于政治家，关于保护、探索野生动物价值的文章。在他担任总统期间，他规划出 2.3 亿英亩的公共土地，成立了美国林业局。这些成就是他成为美国自然历史博物馆守护神的原因。在这个博物馆主入口处的巨大圆形大厅里，张贴着他的一些激动人心的名言，其中没有关于颂扬白人优越性的段落。

这座雕像还纪念了另外两个人，一个非洲黑人和一个美国原住民，他们身穿原住民服装，坚定地站在罗斯福和他的马的两侧。以现代人的眼光和感觉来看，这种描写是一种可憎的行为：今天，没有人会梦想让一个白人骑在马背上，而两边是被压迫、被剥夺权利的人。他们可能在想什么呢？

没有必要好奇。我们清楚地知道雕塑家的想法和当时的社会情况是怎样的。它是在 1925 年被委托制作的，并于 1940 年揭幕，所以请考虑以下几个事实：

- 非洲黑人和美国原住民的姿态和面部表情都显露着骄傲和高贵，他们肌肉发达，几近尊贵。
- 非洲黑人和美国原住民向前看，看向一个遥远的地方，与罗斯福所看的方向相同。
- 从 20 世纪 20 年代到 40 年代，几乎所有其他关于黑人和印第安人的艺术表现都是令人尴尬的漫画（书籍、电影、卡通片），旨在让白人发笑并感到优越。
- 当时，除了高级俱乐部和餐馆外的铜制矮小的黑人骑师像，以及在营业时间内立于烟草店门口的木制印第安人像外，几乎没有任何地方竖起黑人或美国原住民的雕像。
- 你见过任何一个有关美国总统的雕像作品里有其他普通人或动物出现吗？这样的雕像很罕见。我想到了 3 个例子:（1）1997年华盛顿特区的富兰克林·德拉诺·罗斯福纪念馆，在尼尔·埃斯特恩的雕塑中，罗斯福和他的狗（一只名叫法拉的苏格兰猎犬）一起被描绘了出来;（2）还是在罗斯福纪念馆，在劳伦斯·霍洛夫切纳于1995年创作的名为《盟友》(*Allies*)[12]的雕塑中，他与丘吉尔相邻坐在伦敦邦德街的长椅上，尽管温斯顿很难说是“其他普通人”;（3）1876年，由托马斯·鲍尔创作的雕塑《自由人纪念碑》(*Emancipation*，又称《原始解放纪念碑》）在华盛顿特区林肯公园内落成，其中林肯伸出耶稣式的左手，放在一个跪在地上、戴着镣铐、被奴役的非洲人头上。在美国南北战争之后，这似乎是一件正确的事情，但从现代的角度来看，这有些令人鄙夷。①

- 1940年，如果你认为黑人和印第安人不如你，如果泰迪·罗斯福是你的英雄，你肯定会认为雕塑家塑造两个站立人物是一种不可原谅的诋毁行为——他怎么敢用这些低等人的形象来玷污罗斯福的声誉!

① 2020年，由于遭到抗议，已在美国马萨诸塞州波士顿公园广场竖立百年的《自由人纪念碑》雕塑复制品被拆除，移回了其创作者的家乡。——作者注

- 设计罗斯福塑像背后那座新博物馆的建筑师约翰·拉塞尔·波普将雕塑中的 3 个人描述为“英雄的群体”。
- 雕塑家詹姆斯·厄尔·弗雷泽自己是怎么说的呢？在罗斯福身边的两个人物是象征非洲和美洲大陆的向导，如果你接受的话，他们可以代表罗斯福对所有种族的友好。[13]

作为科学家和教育家，我不太关心意见本身，而是关心一个人对所有可能为这些意见提供信息的相关数据进行合理和理性的思考的能力。我们的意见是在不断变化的社会和文化习俗的背景下形成的。对雕像的全面看法使我乐于看到它被迁走，只是因为今天没有人会想到这样一个雕像，这是我寻求的任何驳斥的试金石。这座雕像将伫立在北达科他州的梅多拉，也就是泰迪·罗斯福总统新图书馆的所在地。[14]对此，我会选择向过去宽容地点头，同时向未来皱起眉头。我想知道，如今人类最具进步性的创造，在 100 年后我们更为开明的后人看来究竟会如何呢？

为什么有的人会觉得自己比别人更优越呢？当然，唯一“有理由”看不起别人的场合是你在帮助他们的时候。我不是心理学家，除了分享观察结果本身之外，我不主张什么特别的见解。但显而易见的是，当一些人在他们看重的方面发现别人不如自己时，他们会感觉良好，这些方面可能包括财富、智力、才华、美貌或教育，甚至加上力量、速度、优雅度、敏捷度和耐力——这些已经汇集了人们不断与他人比较的大部分方式，无论是非正式的还是有组织的场合。奥运会的存在得益于我们执着地在彼此间寻找表现更快、更高、更强的人。标准化考试、游戏节目、选美比赛、选拔赛和福布斯400强，都是将人与人进行排名的活动。社会提供了数以百计，甚至数以千计的方法来显示你比别人强。

当你的优越感不仅体现在你刚刚在国际象棋比赛中击败对手，而是体现在赢了整个人类群体时会发生什么？这些人中的大多数你从来没有见过，也永远不会见到。你觉得自己有优越感是因为有人告诉你这样的感觉还不错，他们可能是你的父母，或是一些政客或所谓的专家。你可能期望文化偏见会代代相传，或者民族主义凌驾于理性思考之上。你也可能被上帝的代言人说服，认为你所信仰的宗教比其他人的更好。但是，如果有一位科学家告诉你你确实是优越的，你会接受这个结论，感觉自己高高在上，还是会探索这其中可能存在的偏见来源？

正如我们已经指出的，在科学探索的分支中，那些最容易受到人类偏见影响的领域是研究和判断其他人类的外表、行为和习惯的学科。排在首位的是心理学、社会学，尤其是人类学。如果要建立和保持其学科完整性，这些领域必须进行额外的同行评审和披露，以发现偏见。

由于数学和物理科学的研究主题不包含人类本身，这些领域往往能抵制与人类外表、行为和习惯等相关的偏见。但这并不意味着研究者本身不会是有种族主义和性别歧视的厌世者，也不意味着这些领域没有偏见。它只是意味着宇宙的发现，以及在教科书中的内容不太容易受到优越感的影响。[15]

在我曾接受的数学和物理培训中，我能找到的最接近非包容性概念的东西是来自代数拓扑学的毛球定理（hairy ball theorem），于1885年由法国数学家和理论物理学家亨利·庞加莱证明。[16]其内容有很多版本，甚至有一些比较口语化，如“你不能梳理保龄球上的头发”，如果翻译得更精确些，就是:“如果你梳理一个有毛的球体，无论你怎么梳理，至少会有一个地方的毛发不知道该往哪边靠，也就是球上至少会有一处毛发不服帖。”

这是真实的定理，但将它与日常梳理头发联系在一起，似乎不那么让人信服。我的头圆得就像一颗保龄球，我每天都用非洲人的梳子梳理我的头发，他们的梳子很好用。如果我没有脸或脖子，我的头只是一个球体，我可以很容易地梳理我的头发，我也不会因为担心有一个牛角辫伸出来而焦虑。如果庞加莱和所有其他人都留着非洲人的头发，毫无疑问，他仍然会证明这个定理（在不参考任何发型的情况下）。

我的妻子是数学物理学博士，她很敏锐地注意到，许多宇宙学家坚持认为我们可能生活在一个稳定的宇宙中，而一些先进望远镜观察到的数据表明并非如此。我们了解到，从大爆炸中诞生的不断膨胀的宇宙，有一天可能会重新坍缩，这样的过程也许会无休止地循环。她想知道，稳态宇宙学家，其中大多数人从未来过月经，是否很难思考和接受关于周期的概念，世界上一半的人口在他们成年后的大部分时间里都与此相关。

电阻是一种常见的电路元件，其值以“欧姆”为单位并以彩虹色环表示（为什么他们从来不把电阻的数值直接印在电阻上？这让我至今困惑不已）。这些色环上的颜色有：黑（**B**lack）—棕（**B**rown）—红（**R**ed）—橙（**O**range）—黄（**Y**ellow）—绿（**G**reen）—蓝（**B**lue）—紫（**V**iolet）—灰（**G**ray）—白（**W**hite）。这些颜色的不同组合表示不同的电阻值，没有什么能比这更成熟的记忆法了，维基百科在关于这个主题的独家条目中列出了几十种颜色。[17]“美丽的大玫瑰占据了你的花园，紫罗兰却在野蛮生长。”（**B**ig **B**eautiful **R**oses **O**ccupy **Y**our **G**arden **B**ut **V**iolets **G**row **W**ild.）这种口诀记忆法很简单，而且能够让人联想到美丽的图像。不过这并非我第一次听到这种记忆法。我的电子物理实验室老师也曾经用一句类似（但不妥当）的口诀帮我们记忆：“黑人男孩强奸了我们的年轻女孩，紫罗兰却心甘情愿地付出。”（**B**alck **B**oys **R**ape **O**ur **Y**oung **G**irls **B**ut **V**iolet **G**ives **W**illingly.）当意识到我是房间里唯一的黑人学生时，老师尴尬地耸了耸肩，并迅速改变了措辞，以“坏男孩……”开头，从而将一句种族主义的、充满厌女意味的口诀变成了一句没有种族主义却仍然厌女的口诀。不过值得庆幸的是，这些都不影响电阻在电路中的作用。

可以说，19世纪人类学家的著作反映了科学史上最具种族主义色彩的时代，并且持续到20世纪，对“人类种族”的探索仍是许多研究人员的研究主题。我最喜欢的例子来自1870年的研究报告《遗传的天才：对其规律和后果的调查》（*Hereditary Genius: An Inquiry into Its Laws and Consequences*），作者英国博物学家弗朗西斯·高尔顿是优生学运动（eugenics movement）和其他一些实验研究分支的创始人。在“不同种族的比较价值”（*The Comparative Worth of Different Races*）这一章中，他指出：

每一本提到美国的黑人仆人的书中都充满了这样的例子。我在非洲旅行时，对这一事实印象很深。[18]

高尔顿于1909年被爱德华七世封为爵士。

但划分人类种族这项工作开始得更早。只要按肤色、发质和面部特征来划分所有人类，你就成功了一半。有了这样的启动数据，对种族进行排名的冲动是不可抗拒的。例如，生活在刚独立时美国的100万非洲黑人，其中90%是被奴役的。[19]弗吉尼亚州人托马斯·杰斐逊在1800年成为总统前写道：

> 根据记忆力、理性和想象力将他们与白人进行比较，在我看来，他们在记忆力方面与白人相当；在理性方面要差得多，因为我几乎找不到他们中的任意一人能够理解欧几里得的研究；在想象力方面，他们呆板、无趣和反常。[20]

老实说，我不知道杰斐逊在最初的美国殖民地认识多少个精通欧几里得的白人，但无论他对黑人持有何种看法或反对意见，他仍留下了“与他们中的至少一个人交配，并且生下6个孩子”的争议性传闻。[21]

在达尔文于1859年出版了他的开创性著作《物种起源》（*On the Origin of Species*）之后，特别是在他于1871年出版了《人类的由来》（*The Descent of Man*）之后，我们都应该拥抱科学，应该进一步认识到人类是一个大家庭的一部分，与其他猿类拥有共同的遗传血统。但我们并没有这样做。相反，当时的许多科学家断言，非洲黑人的进化程度低于欧洲白人。这种情况一直持续到20世纪，1962年卡尔顿·S.库恩出版了后来被广泛引用的教科书《种族的起源》（*The Origin of Races*），其中提道："如果非洲是人类的摇篮，它也只是一个冷漠的幼儿园。欧洲和亚洲是我们的主要学校。"[22]

这本书用700多页的文字和插图在非洲黑人和猿人之间进行了大量的比较，足够说服白人庆幸自己生为白人，让他们完全接受任何隔离或征服黑人的规则、法律和立法。当提出一个科学假设时，你应该是你自己最大的批评者。你不希望同事们在你之前就发现你的推理有漏洞。因为这会让你看起来很糟糕，就好像你没有做功课似的。攻击自己成果的一个好方法是退后一步，探索是否可以从相同的数据或你可能忽略的数据中构建一个完全相反的解释。如果你成功地拆解了自己的假说，那么就该转到另一个研究项目了。

让我们退后一步，看看是否可以从相同的数据或可能忽略的事实中找到一个完全相反的解释。

现在让我们倒过来看：如果19世纪和20世纪的人类学家是黑人至上主义者，而不是白人至上主义者，他们在研究白人时可能会写下什么？你所属的群体一般在你心目中排名第一或接近第一。那么，对于"白人就像未进化完全的类人猿一样低劣”这一观点，又有哪些观察结果可以作为支撑性证据呢？如果你是白人，你读到这些文章时会有什么感觉？

黑猩猩是最接近人类的遗传亲属。我们只需要找到黑猩猩和白种人之间的相似之处，就可证明白种人的进化程度较低。

- 黑猩猩和其他猿类全身都会长毛。你所见过的毛发最多的人是白种人，他们的胸前和背上长满了毛发。[23]他们的体毛甚至可以从衬衫的领口向上伸出来。黑人的毛发远没有达到这种程度。
- 与它们的脸、手和脚不同的是，大多数黑猩猩的毛发是分开的（当它们检查是否有虱子时，它们会互相分开），它们的皮肤颜色是白色的，而不是任何黑色或棕色。[24]
- 相对于头部的大小，黑猩猩的耳朵往往很大。经过几十年的观察，我可以证明，我见过的最大的人类耳朵是白人的耳朵。下次当你在一个拥挤的公共场所时，可以自己留意一下——无疑，有很强的重叠性，而黑人的耳朵普遍只有白人耳朵的一半大小。你现在可能会说美国前总统巴拉克·奥巴马有着著名的大耳朵，但他拥有一半的白人血统。因此，也许他的大耳朵来自他基因中的

“白色”部分。

- 在20世纪的大部分时间里，尼安德特人被描绘成愚蠢和野蛮的人。事实证明，从20世纪90年代开始，遗传学研究显示，欧洲人有1%—3%的尼安德特人基因。[25]这对欧洲人来说不是好事，是时候清理一下这种落后的原始形象了。因此从那时起，欧洲人出版的关于尼安德特人的著作转而评论到，他们一定是以创造性和艺术性的方式发明了复杂的工具和技术。[26]

看看，要成为种族主义者是多么容易。让我们继续。

- 黑猩猩把优质的家庭时间用于互相梳理头发。我们都看过它们这样做，不是在动物园，就是在电视纪录片中。显然，它们发现的虱子一定很美味，因为无论谁从另一只黑猩猩的头上摘下它们，都会吃掉它们。你听说过黑人儿童群体中爆发的虱子吗？可能没有。[27]白人儿童比黑人儿童更容易受到虱子的侵扰，是黑人儿童的30倍。这种寄生虫只是喜欢在黑猩猩和白人的头发上产卵，而不是黑人的头发上。[28]

在不提及猿人的情况下，普通的黑人对白人的优越性如何呢？

- 白人患皮肤癌的可能性是黑人的25倍。[29]在我的生活中，我可以数出十几个受过良好教育的白人，他们极力争辩说他们和我在暴露于阳光下时有同样的患皮肤癌的风险——当在你的心目中，你是一个优越的人时，优越感是很难让步的。
- 中度至重度银屑病的瘙痒、鳞屑皮肤状况在白人中的发病率是黑人的两倍。[30]
- 有没有见过黑人孩子脸上有很多痤疮，以至于他们那些爱恶作剧的同学叫他们“比萨脸”？可能没有。
- 听说过“黑人不裂”这句话吗？它指的是黑皮肤相对于白皮肤，衰老得更缓慢，皱纹和其他斑点也更少。这要归功于黑色素。
- 在我成长的过程中，我曾在夏令营期间参加过几次徒步旅行，大多数白人孩子都得了毒藤皮疹，而黑人孩子则没有。这可能只是偶然，也许有人应该研究一下这个问题。
- 白人老太太的虚弱是传奇性的，也是悲剧性的。随着年龄的增长，由于钙质密度的降低和骨质疏松症的发生，她们中的一半最终会发生骨折。[31]黑人的老骨头仍然很好很强壮。[32]如果一个黑人妇女摔断了臀骨，那多半是因为她从窗户上摔下来，而不是因为她在地板上滑倒。

- 尽管最近黑人青少年的自杀率有所上升，[33]但白人的自杀率比黑人高2.5倍。[34]
- 白人妇女厌食症的发病率也比黑人妇女高2—3倍。[35]
- 黑猩猩喜欢在树上荡秋千。显然，郊区的白人儿童也喜欢，他们通常迫不及待地想在后院建造树屋并居住在里面；而在黑人儿童的认知里，可能甚至从未产生过这个想法。白人显然想回到他们完全原始的状态。

这种种族主义式的咆哮读起来肯定让一些人感觉很别扭，部分原因在于支持它的数据都是真实的。重要的是你的动机是什么，你的目的是宣布优越性，然后以某种邪恶的方式行事，还是你只是对人类物种的多样性着迷？在任何情况下，具有种族主义的白人人类学家都自觉地忽略了这一切。来点地道的种族主义的黑人神话？埃塞俄比亚人的肤色既不是白色的，也不像非洲黑人那样黑。从这一事实中产生了关于他们起源的故事，[36]我转述一下：

> 上帝在烘烤将成为人类的泥块时，过早地将他们从烤箱中取出，这就是白种人。他们是上帝第一次尝试时失败的配方。在上帝的下一次尝试中，他把黏土留在炉子里的时间太长，这些人成为所有黑皮肤的黑人。又是一个失败的配方。在上帝的第三次尝试中，他及时把这批泥土从烤箱中取出，造就了埃塞俄比亚人完美的金褐色皮肤。

我们可以笑一笑，如果没有其他原因，他们想象一个全知全能的创造者还在学习如何烘烤，但这是他们的故事。他们可以把自己放在自己幻想的阶级顶端，就像其他人一样。同时，在埃塞俄比亚人的隔壁，在非洲的东海岸，是索马里人。他们的肤色比埃塞俄比亚人要深得多，但他们的面部特征明显是欧洲人的。或者说，欧洲人的面部特征明显是索马里人的特征。一个种族主义者该如何对待他们呢？

如果我们让我们假设的黑人种族主义者控制立法，他们可能就会像白人种族主义者对黑人所做的那样——制定法律，阻止白人接受教育，然后为他们的征服和奴役辩护，因为他们会认为白人是愚蠢的亚人类。

非洲的确是“人类的摇篮”。几十万年前，早期人类从非洲出发向北流浪，然后向西和向东，在欧洲和亚洲居住过，最终定居于美洲。我们周游世界的祖先将非洲的基本基因组带到了世界各地。这些旅程花费的时间比你想象的要少。让我们来算一算。如果你以每小时 2 英里的速度——一种悠闲的速度行走 2.5 万英里（地球的周长），而且每天走 8 个小时，你将在 4.3 年内环绕地球。当然，没有一条连续不断的道路或公路可以环绕地球，而且还有沙漠、湖泊、山脉和其他伟大的自然景观挡在路上。尽管如此，在农业文明出现之前，一代又一代的非洲人，在寻找食物或对视野之外的事物感到好奇的驱动下，有足够的时间到达地球表面的每一个角落。

今天，世界上每 6 个人中就有一个生活在非洲这个比欧洲大 5 倍的大陆，非洲拥有 54 个国家——超过世界国家总量的 1/4。在看到那里的居民时，如果你只注意到他们的黑皮肤，那么你就忽略了他们最重要的特征。作为人类的起源地，非洲大陆表现出了地球上的最大遗传多样性，只要你不看肤色。这种多样性带来了分类学上的差异。在这个世界上，你会在哪里同时找到一些最矮和最高的人呢？答案是非洲。刚果民主共和国的俾格米人的平均身高刚刚超过4英尺；[37]而在卢旺达和布隆迪（这两个国家与中部非洲的刚果共和国相邻）的瓦图西人中，男子平均身高为6英尺。[38]

世界上其他地方也存在极高或极矮的特例，但他们并不在同一片大陆上。起源于荷兰的人的平均身高比印度尼西亚人高10英寸，[39]但他们之间的距离几乎是地球周长的1/3。

你在哪里可以同时找到一些世界上最慢和最快的跑步者？田径比赛一般不找动作慢的人。在快跑者中，非洲原住民及其移民后裔在过去一个世纪的大部分时间里，在短跑和长跑的国际田径舞台上都占据了主导地位。

非常愚蠢和非常聪明的人又在哪里呢？在非洲也可能同时找到这两种人。现在让我们把注意力放在最聪明的人身上。是时候提醒大家，埃及及其建筑和农业文明比欧洲的早了几千年。埃及文明是如此先进，以至于白人对其起源于非洲的否认很深[40]——从《星际之门》（*Stargate*）就可看出。这是一部1994年的科幻电影，其中大金字塔不是由非洲人构思和设计的，而是由征服了埃及人的外星人设计的。太空企业家埃隆·马斯克（出生于非洲[41]）甚至在2020年7月31日发了这样的推特:“外星人建造了金字塔。”从15世纪开始，欧洲探险家、殖民者、奴隶贩子和旅行人类学家从未承认在非洲找到过比自己更聪明的人，尽管这片大陆很可能不乏这样的人。你只需要看看相关事实就明白了。我的一位南非白人物理学同事尼尔·图罗克在2003年成立了非洲数学科学研究所（The African Institute for Mathematical Sciences，缩写为AIMS）。[42]它提供数学、工程和物理学的研究生学位。虽然总部设在南非，但该组织为非洲大陆的所有国家服务。从2008年开始，AIMS的使命扩大到包括有针对性地寻找“和培养整个非洲的科学人才，以便在我们有生之年庆祝非洲爱因斯坦的诞生”。[43]他们不断对学校教师、教授和各地长者推举的社区中公认非常聪明的学生进行进一步培养。

没有人否认那些在国际象棋比赛中表现出色的人的聪明才智。由于进入国际象棋领域的经济门槛如此之低，无论国家的富裕程度如何，国际象棋在全世界范围内进行比赛和角逐。值得注意的是，非洲中心赞比亚的前10名棋手的平均等级高于卢森堡、日本、阿拉伯联合酋长国和韩国的棋手。[44]让我们窥视一下这些国家2020年的人均GDP：卢森堡11.6万美元，日本4万美元，阿拉伯联合酋长国3.6万美元，韩国3.2万美元，赞比亚1000美元。[45]

2021年5月1日，一位天才棋手因为取得了美国国际象棋联合会2200分以上的评级而达到了国际大师的称号，在世界35万名总评级棋手中名列前4%。[46]取得的评级比他的国际象棋教练的评级高500分，而这只是在学习如何下棋的几年后。这个神童是一个名叫塔尼托鲁瓦·阿德武米的10岁男孩，是2017年来到美国的尼日利亚难民的儿子。在他的父母获得稳定的工作和永久居留权之前，他的家庭曾在纽约市的无家可归者收容所短暂生活过。2021年3月，我在大师莫里斯·阿什利的推驰（Twitch）——一个现场直播的社交媒体平台上与这个小家伙下了一盘简短的国际象棋，这盘棋的确很简短，没一会儿我就束手无策。

说到尼日利亚人，其在美国的移民家庭收入比全国平均水平高8%。[47]而在英国的尼日利亚儿童，尤其是来自伊格博部落的儿童，其平均考试成绩一直高于英国的白人同学。[48]

若我们有机会停下来，不妨想一想：在多大程度上，智力资本在数学、科学、工程或其他任何隐藏在非洲大陆深处的领域，或地球上任何其他地方的领域，由于缺乏机会而暂时或永远地失去了繁荣。

让我们进一步回溯一下人类的家族树吧。我曾在纽约市听到有人说他是意大利人，我便问他在哪里出生。“布鲁克林。”“您的父母在哪里出生？”“布鲁克林。”“那您父母的父母在哪里出生呢？”“意大利，所以我是意大利人。”在与另一个宣称自己是瑞典人的人交谈时，我问她在哪里出生，她回答说:“纽约市。”我继续问:“您的父母在哪里出生？”“明尼苏达。”“那您父母的父母在哪里出生呢？”“明尼苏达。”“那他们的父母呢？”“瑞典——我说过，我是瑞典人。”你可以看到这里发生了什么。在这两个案例中，他们都可以说“我是美国人”，但他们会沿着家族树往上走，挑选最让他们心仪的地方。他们的停止点是任意的，所以我引导他们继续向上延展他们的家族树，直至抵达非洲。因为最终——或者说在最原始的起点，我们都是非洲人。

回溯人类的历史，各种族的祖先具有令人惊异的趋同性。在世界上的80亿人中，每个人都有一对亲生父母。想象一下，如果夫妻只生一个孩子，那么这个孩子的父母的一代将有 160 亿人；如果他们的亲生父母也只生了一个孩子，那么他们这一代人将有 320 亿人；如果他们的亲生父母也只生了一个孩子，那么他们这一代将有 640 亿人。我们现在跨越了四代，回到了 1900 年。我们不希望有超过三代的人同时生活在一起。因此，在 1900 年，这意味着有 1120（640+320+160）亿人。但是在 1900 年，地球的实际人口不到 20 亿。

这里发生了什么？通过时间的推移，1120 亿人以某种方式压缩成 20 亿人。再往前追溯，在 1800 年，人口为 10 亿；在 1600 年，只有 5 亿人；在埃及建金字塔时期，世界上存在的人口不超过 2000 万，[49] 相当于今天纽约大都会区的人口。[50] 调和这些数字的唯一方法是将高度“无亲属关系”的人迅速输送到越来越少的家庭。更不用说在任何一代人中，许多人都是兄弟姐妹，而且有 20% 以上的人根本就没有后代。[51] 在家谱学中，这种现象被称为血统崩溃。这也是为什么数以亿计的白人可以自豪地、合法地声称自己是查理曼大帝（约公元 800 年）的后裔。如果国家对农民的婴儿和孤儿有更好的记录，我们肯定也会在那里找到共同的祖先，否则就会在挑选家谱的艺术中被忽略。

当我想象我能够取得什么成就时，我不会参考家谱资料中显示的祖先的职业。相反，我着眼于所有曾经生活过的人类。我们是一个家庭。我们是一个种族，人类的种族。

无论日常是否有这种感觉，几十年来和几个世纪以来，人类文明已经取得了巨大的社会进步。世界各地的法律、立法和态度的渐进式变化，在一些地区使种族和性别的多样性，接近马丁·路德·金在1963年题为“我有一个梦想”（*I Have a Dream*）演讲中的社会水平：

> 我有一个梦想，我的4个孩子有一天会生活在一个不以肤色而以性格来评判的国家里。[52]

最后一个思想实验印证了这个真理。想象一下，你有机会进入一台时间机器，回到人类历史上的任何时刻，白人、双性恋、异性恋都可以选择，任何地方和任何时候都会受到欢迎，你会选择什么地方和什么时候？你最好认真考虑一下你想到达的时间和地点。你是女性、有色人种、残疾人、同性恋者，还是这些人的任何组合？什么时候对你更好？1000年前，500年前，100年前，50年前还是10年前或5年前？对我来说，我对现在很满意。我不想被拒绝乘坐出租车，不想被忽视工作机会，不想被拒绝提供银行贷款，不想失去住房的选择权。我从小就有当科学家的野心，我不想成为别人的仆人，也不喜欢被另一个认为我不完全是人的人购买和拥有。仔细想想，我宁愿去未来，正如我推测先天进步的一神论牧师西奥多·帕克也会选择的，他在 1853 年写道：

> 我并不假装了解道德的宇宙；时间的弧线很长，我的眼睛只能看到一小段；我无法通过视觉的经验来计算曲线和完成预测；我可以通过良心来推测它。从我看到的情况来看，我确信它是向着正义的方向弯曲的。[53]

我们是否承认、强调并拥抱多样性，还是我们渴望完全不注意它？想象一下，如果种族、性别表达和民族性与我们对人的判断无关，就像他们是否戴眼镜、使用什么牌子的牙膏，或者他们是否喜欢华夫饼而不是煎饼一样，世界会是什么样子？

在这个问题上，我的观点与可能来访的外星人一致。考虑到外星人在各方面都与我们不同，对他们来说，所有人类都无法区分，无论我们如何区分自己。他们只看到我们的四肢、躯干和头部。听起来他们很不敏感，但我们也好不到哪里。对于地球上大多数动物的性别，无论它们是远是近，我们可能都不太了解，我们也不太会知道一个物种的颜色或羽毛相对于另一个物种的是否有一些微妙的区别。我们默默地对城市的鸽子，特别是郊区的金鱼这样想。父母偷偷地用活金鱼换取他们刚刚杀死的死鱼。这通常发生在他们的孩子不在营地的时候，因为他们试图掩盖他们已经过度喂养了（或从未喂养）金鱼的事实。对我们大多数人来说，看过一条金鱼就等于看过所有的金鱼。

来访的外星人看到我们根据他们几乎没有注意到的特征，对自己进行彼此隔离、分层和奴役后，肯定会打电话回家报告说:“喂，地球上并没有智能生命存在的迹象。”

第9章

法律与秩序

建立文明，无论我们是否喜欢

如果你杀死了一个外星人，这算不算谋杀？外星人是否必须比你更聪明，杀了它才会被归类为犯了“杀人罪”？谁拥有月球、小行星的采矿权，或者彗星的取水权？在另一个星球的表面适用哪个国家的法律？相对于地球上的既定法律，空间法仍然在探索中。如果我们希望人类在太空中的行为不比在地球上的行为差，我们就需要可执行的法律，也许会启动曾经困扰过去的、神秘的司法系统。基于上述这些原因，空间法本身就是法律哲学的前沿问题。

法律制度在其最佳状态下是维系文明的先决条件，因为它们可以保护我们免受自己原始本能的、不稳定冲动的伤害。问问自己，如果这个世界上不存在法律诉讼的威胁，人们会怎么做？即便有了法律制度，看看有多少人违反了既定的法律。没有它，文明只会更脆弱。

如果亚里士多德所说的“法律是没有激情的理性”真的深入人心，如果寓言中正义女神蒙着双眼、一手挥舞着利剑、一手拿着天平的形象，真的象征着正义运作的方式，那么陪审团每次都该有数据和信息专家，他们为了寻找真相，对律师的激情、证人的情感和公众情绪的力量都有更强的免疫力。如果法律审判——其拉丁语词根是“判决”（verdict）即给出惩罚或奖励，意味着说真话，那么为什么有些律师比其他人工资高？他们是否更善于发现真相，还是他们的方法和策略只是更善于热情地说服陪审团相信他们想要的东西，而不管究竟何为真相？

在法庭上，如果真理和客观性既不被追求，也不被渴望，那么我们必须承认或坦白的是，至少司法系统的某些部分与亚里士多德的呼吁相反，我们看到的都是关于感情和情绪的宣泄，追求将激情转化为同情心。其结果是什么？有些时候，判决结果并不代表事实，只代表高薪律师所需要的事实。

考虑到审判的演变，我们从审判者开始，他们在有或没有证据的情况下宣布你是否有罪。他们根据自己的判断（对他们来说正确的判断）宣布判决，没有对偏见、坏情绪或错误信息进行调整。

当然，我们可以对此进行改进。

在宗教文化中，神灵通常可以看到并知晓所有的事情。看看圣诞老人歌词的现代版：“他知道你什么时候是坏的，什么时候是好的，所以看在上帝的分上，要做好事。”那么，为什么不让上帝来给出判决呢？在考验中，你可能需要被迫进行一对一的决斗，被浸在水中，在火中行走，将沸油浇在你的胸口或喝下一瓶毒药。如果你在这些情况下依然能侥幸存活下来，那么你一定是无辜的，因为上帝保护了你。这种试验的例子跨越了不同的文化，最早可以追溯到公元前1750年古巴比伦的《汉穆拉比法典》（the Code of Hammurabi）。例如，在283条法律中，第2条描述了水的审判：

当某人对另一个人提出指控，此时被告走到河边并跳入河中，如果他沉入河中，原告将占有他的房子。但如果河水证明被告无罪，而他又毫发无伤地逃脱，那么提出指控的人就要被处死，而跳入河中的人则要占有属于原告的房子。[1]

这条法律看起来过于极端。让我们稍微变化一下：把你的尸体扔到海里，如果你的脸朝上漂浮，那就证明上帝带走了你的灵魂，而你的清白在天堂得到了回报；如果脸朝下，就表示你有罪，天堂不欢迎你。

类似的，在安东尼奥·皮加费塔关于麦哲伦环球航行的目击记录第48章中，他讲述了在海上没有新鲜食物和水的两个月里特别艰难的经历。按照惯例，死去的船员会被丢弃到海里。皮加费塔描述了一个让人联想到水的考验的场景：

我们连续向西北方向航行了两个月，没有得到任何休息的机会。在这么短的时间内，我们有21人死亡。当我们把基督徒扔进海里的时候，他们脸朝上沉下去，而印第安人总是脸朝下。[2]

要么这事真如描述的那样发生了，要么安东尼奥屈服于一个糟糕的确认性偏见案例。无论哪种结果，如果你要在法庭上使用死里逃生的证据来确定罪行，那么每个人都必须是基督徒，这样才能达到预期效果。如果他们不是基督徒呢？那么被指控的人最终就会死亡，无论他们是有罪还是无罪，都无法进入天堂。

为什么不让证据来决定呢？原告提出证据来说服审判者。假设审判者不喜欢你，假设你是无辜的，但没人为你辩护，这时只有关心真相的、审查证据的人知道该怎么做，证据才会起作用。

平心而论，皮加费塔是15世纪的绅士，那是一个前科学时代。正如已经指出的那样，今天实行的假设检验直到16世纪才成为科学中的常规事物。在此之前，自然哲学家（相当于我们今天所说的科学家）完全信赖那些看似真实的东西。然而，我要说，不是人类，而是自然和宇宙本身将成为科学的最终法官、陪审团和执行者。19世纪的自然学家托马斯·亨利·赫胥黎更直截了当地表达了同样的内容：

> 科学的巨大悲剧就是一个美丽的假说被一个丑陋的事实扼杀。[3]

为什么不由公众来决定？靠群众的智慧可行吗？判决将不再受坐在那里的法官的情绪影响。但是，等一等，人群的非理性程度可能令人震惊。他们可以演变成暴民，随着暴民规模的扩大，他们的集体脑力的总和会被稀释。生活中真的有这样的场合——你会在挥舞干草叉和火炬的同时愤怒地呼喊吗？群众正义极有可能催生私刑。今天，人群在互联网上制造舆论——欢迎来到舆论的法庭，而不是法律的法庭。在这里，人们可以对他们想承认的事实，或者他们认为应该的事实进行评判，而不是对实际的事实进行评判。要知道什么是真正的事实，需要仔细和彻底的调查，而不是简单地阅读媒体的报道后就根据它们形成自己的观点。

这里有一种更好的想法。让我们以一组普通人作为样本，不要太多，也不要太少。告知他们支持和反对被告的证据，并授予他们决定有罪或无罪的权力。这就避免了专制者的异想天开、单一法官的偏见、神明审判的血腥和暴民的无知。假设陪审团由因任何原因而恨你的人组成，或者他们对你的情况不了解，也许他们并不恨你，他们只是不关心你——这依然很糟糕。

当然，更好的主意是，让我们组建一个陪审团——不是随便由任何人组成，而是由你的同龄人组成。这给了你获得公平审判的最好机会，最大限度地减少或消除对你的潜在偏见。如果你真的有罪，这样的陪审团可能会有对你有利的偏见。这是一个可以接受的风险，正如著名的布莱克斯通理性地宣称：

> 10 个有罪的人逃脱总比 1 个无辜的人受到伤害要好。[4]

这是英国法学家威廉·布莱克斯通爵士在 18 世纪 60 年代

首次提出的准则。

我们现在看到的是西方世界的现代司法体系的基本内容：由同龄人组成的陪审团进行审判。撇开美国19世纪30年代开始的一个多世纪的私刑，美国宪法第六修正案在1791年得到全面批准，它概括了这种保护被告的基础：

在所有刑事诉讼中，被告应享有由公正的陪审团进行迅速和公开审判的权利……被告知指控的性质和原因；与对他不利的证人面对面；有强制程序获得对他有利的证人，并有律师协助他辩护。

这些想法可以追溯到很久以前，甚至在约翰国王1215年的《大宪章》（Magna Carta）之前。《大宪章》中包含了这样的宣言：没有“同行的合法判决”，任何自由人都不得遭受惩罚。[5] 在理论上，每个人都应该得到公平的审判，但在实践中，一个高知名度的律师可以动摇陪审团的判断，在某种程度上影响他们对数据的理解，并在一个特殊的时刻，在法庭上播下偏见——这种偏见可能在审判开始时并不存在。

事实上，我们培养未来的律师就是为了如此。法律行业的入门途径包括参加全国各地高中和大学的辩论俱乐部。我自己从来没有什么兴趣，尽管我的高中有一个特别有竞争力和成功的辩论队。他们的走廊柜子里装满了奖杯，我们的运动队的奖杯都没有这么多。不管怎么说，在我了解到这些比赛的实际情况之前，我已经是个十足的成年人了。通常辩手们会提前得到要讨论的话题，但他们直到比赛当天才知道自己会被分配到辩论的哪一方。赢家是最有说服力地向评委阐述自己观点的人或团队。辩论的目的不是要找出任何事物的客观真实性，相反，整个系统训练的是你对任何问题的任何一方都能进行论证的能力。辩论规则还预设了所有辩论主题只有两个方面，不是 3 个，也不是 5 个或更多。了解到这一点，作为一个刚起步的科学家，我想没有什么比这个争论者的滋生地更能破坏对真理的探索了。

也许我在这里有些反应过激了。我就读于纽约市布朗克斯科学高中，该校毕业生中有 8 名诺贝尔奖获得者，其中 7 名获得物理学奖，1 名获得化学奖。辩论文化不可能严重伤害我们的科学文化。然而，它还是让你感到奇怪：我们的政治代表，从一开始就大量来自法律界，他们被统称为“立法者”。国会审议中的持续僵局是否归因于争论的艺术，而不是寻找真相的科学?

不过，随着时间的推移，确定有罪或无罪的标准也在逐步发展。这是一件好事，我们都同意。该系统是否有进一步改进的空间，人们是否希望进一步改进?似乎这个问题的答案是否定的。

在我有生以来第一次被叫去当陪审员的时候，我还在普林斯顿大学教书，在那里我成立了一个关于什么是科学以及它如何和为什么工作的本科生研讨会。在律师与潜在陪审员进行的问答环节（称为预审）中，我被问到读过什么杂志，看什么电视节目，在哪里获得新闻以及我的职业是什么。我回答:“我是一名科学家。”律师从书面问卷中得知我在普林斯顿大学教书，他们问我教什么。“我教一门关于证据评估和目击者证词相对不可靠性的课。”我没能熬过这一轮，不到一小时就在回家的路上了。

当科学家们无意中听到“我需要一个证人!”这种戏剧化的法庭呼声时，反应大多是:“为什么?”但心理学家完全理解这种对目击者证词的不信任。[6]两个理智的人可以观察到相同的事件或现象，并以同样的诚意和信心来描述自己看到的——虽然彼此差异很大。越是非同寻常或令人震惊的事件，如目睹暴力犯罪或太空外星人降临，对这一经历的各种描述就越不可能一致。这就是为什么科学的方法和工具首先被发明出来，以消除人类在获取数据方面的感官弱点。目击者的证词在法庭上的地位可能很高，但在科学法庭上的地位很低。如果你出现在一个学术研讨会上，而你的研究的最佳证据是你看到了它的发生，那我们会礼貌地请你离开会议。

在我第二次被叫去当陪审员时，法官宣读了案件的基本情况：被指控的人就在房间里，持有可卡因等毒品，住在曼哈顿，被指控将 1700 毫克的可卡因卖给了一名卧底缉毒警察。我们来到陪审员筛选部分，有人问我是否认识任何律师。当时，我没有律师朋友。当我们进行到最后一步时，法官插话问道："你对这个过程有什么问题想问法庭吗？"我举起手说："是的，法官大人，为什么你说被告拥有 1700 毫克的可卡因？'千'与'毫'相抵消不就是 1.7 克吗？这还不到一角钱的重量。"当我说这句话时，法庭上的每个人都朝我这边看，并点了点头。我继续说："……所以看起来你把毒品的数量说得比实际要多。"

一小时内，我再次回到了街上。

我后来会想，我的问题是否影响了房间里的其他潜在陪审员。不管怎么说，我们中是否有人会说“我会在600亿纳秒内见你”？不，我们会说“我们一分钟后见”。

在我第三次被叫去当陪审员时，遇到的是一起抢劫案，一个双方各说各话的案件。一名男子被指控抢劫一名妇女的杂货和钱包，当警察在事后不久找到袭击者时，受害者肯定地指认了他，但他并没有持有声称被盗的东西。因此，这使事情变得非常复杂。在这一轮的陪审团选择中，我已经进入了最后的15人——这是我最接近于在12人陪审团中服务的一次。法官逐一问我们，就所提交的这种证据而言，我们是否对达成裁决有什么问题。我回答说:“根据我对目击者证词不可靠性的所有了解，如果唯一的证据是目击者的证词，而没有实质性的证据支持，我不能投票定罪。”法官随后将我的反对意见带到其他小组，说:“是否还有人和他有同样的感觉，即你需要一个以上的目击者才能得出判决？”随即，坐在我前面的一位准陪审员宣布:“他不是这么说的！”在那一刻，我（成功地）用尽全力抵制说:“法官大人，你就是几十亿纳秒前我所说的话的目击者，但你把我的话记错了。”即便如此，我还是在一小时内再次回到了街上。

第 9 章

法律与秩序

当律师不顾数据，而只是用激情的论据动摇陪审团的权力——如果这正是你们想要的法律制度，那么你们永远不会想要我或我的任何科学家同事加入陪审团；你永远不会想要任何一位数据分析、统计或概率方面的专家；你可能也不会想要一位工程师。如果目前的司法系统恰好如此，那么这里确实有改进的空间。也许我们不应该满足于“这个系统是有缺陷的，但它是我们所拥有的最好的”，尽管对这些缺陷的利用使得舞台、电视和电影的法庭故事非常精彩。例如，在雷金纳德·罗斯于 1957 年创作的法庭剧《十二怒汉》（*12 Angry Men*）中，一位孤独的陪审员没有从所提交的证据中直接得出结论，他慢慢地、理性地发现了层层偏见，包括年龄歧视、能力歧视和其他 11 位陪审员中的种族主义。这是一个谋杀案的审判。因此，人们应该多花一点时间来做出裁决。故事的最后完全是在审议室中展开的，11 名陪审员中的每一个人都把他的投票改为了无罪。如果陪审员是理性的、有分析能力、几乎没有偏见的人，这部电影就不会被构思出来了，可能审判只需要 10 分钟就能结束。

现代法律制度的另一个后果是无罪项目的存在。它们的任务声明说明了你需要知道的一切:

> 无罪项目的使命是释放数量惊人的、仍被监禁的无辜者，并对造成他们不公正监禁的系统进行改革。[7]

正因无罪项目的存在，自 1973 年以来，在美国有超过 186 名被判处死刑的人被开释。否则，这段时间内被处决的死囚将在 1543 名之上再增加 186 名。[8] 而自 1989 年以来，仅 DNA 证据就释放了 37 个州的 375 名被错误指控的囚犯，他们在狱中总共服刑 5284 年。[9] 如果将布莱克斯通比率（Blackstone's ratio）的 10∶1[①] 应用于已服刑时间，有罪者被释放后未服刑的 52840 年监狱时间，是否可以证明无辜者已服刑的 5284 年是合理的呢?

随着 DNA 技术和法医领域的蓬勃发展，科学似乎已经赶来救场。问题是，证据的展示仍然从属于这样一个系统，该系

① 布莱克斯通是英国著名法学家，其提出“宁可错放 10 个有罪者，也不要错判 1 个无辜者”。——编者注

统保留了操纵陪审员偏见的权力，与真实情况无关。这催生了国家科学院对科学在法庭上的猖獗滥用的研究。在2009年，一份长达348页题为《加强美国法庭科学之路：前进之路》（*Strengthening Forensic Science in the United States: A Path Forward*）的报告摘要中，我们可以读到下面这段话：

在某些情况下，基于有缺陷的法庭科学分析的实质性信息和证词可能促成了对无辜者的错误定罪。这一事实表明，对来自不完善的测试和分析的证据和证词给予不适当的重视是有潜在危险的。此外，不精确或夸张的专家证词有时也会导致错误或误导性的证据被采纳。[10]

畅销书作家艾莉丝·希柏德在1999年写了一本名为《折翼女孩不流泪》（*Lucky*）的回忆录，其中她指认了在1981年她18岁时强奸她的黑人男子。随着书的出版，这名男子被逮捕定罪，并被监禁了16年——直到2021年11月底，在重新审查了对他不利的证据后，他被免除了罪责。一周后，希柏德的书被她的出版商斯克里布纳公司下架。此后，她向被告道歉。[11]

无罪项目报告说，69% 的脱罪案件涉及证人误认，包括当面排查、庭审出庭、按嫌疑人照片、根据警方提供的艺术家素描和声音等方面的误认。

排除一切可能用于研究监禁率的人口统计因素，如种族、年龄、宗教、贫困、就业、破碎的家庭等，在美国[12]和全世界[13]的所有囚犯中，多达 93% 的人有一个特殊的共同特征。对他们的基因特征的广泛研究显示，他们携带一个 Y 染色体。[14]几乎所有发动过战争的人类都带有这种特征——是的，这是一个“男人”的问题。如果我们能以某种方式修复他们遗传密码中的缺陷，世界对我们所有人来说将是一个更安全的地方。我们可能会把责任归于睾丸激素，但我们许多最伟大的非暴力象征，包括耶稣、圣雄甘地和马丁·路德·金，都是男性。此外，世界上大多数男人一生都不会犯重罪，这给我们留下了宇宙的又一个未解之谜。

也许地球需要的是一个理性的虚拟国家——解决目前驱动犯罪和惩罚以及世界政治的非理性行为。这就是硅谷企业家和

营销主管泰勒·米尔萨，在西班牙加那利群岛举行的 2016 年星际探险节（Starmus）[15]的鸡尾酒会上提出的设想。她所说的“理性之地”（Rational Land）概念引起了大家的注意。在酒会上，我们一群人，包括著名的科学家和教育家布莱恩·考克斯（粒子物理学家）、吉尔·塔特（搜索地外文明项目研究员）、理查德·道金斯（进化生物学家）、吉姆·哈利利（理论物理学家）和卡罗琳·波科（行星科学家），讨论了潜在的宪章城市，看看哪些地方可以着手改进。成员国将在其行为和政策中接受理性思维。候选地包括瑞士和丹麦等国家，美国的马萨诸塞州、明尼苏达州和加利福尼亚州等地区，以及伦敦、巴黎、纽约几个城市。谈话在酒会上迅速传播。每个人都在泰勒开篇发言的基础上，在这里或那里添加了一些内容。

对我来说，“理性之地”这个名称过于宽泛，所以我建议使用“理性国”（Rationalia）。我还觉得，吞并整个城市人口会忽略那些可能在其中运作的、疯狂的非理性派别，也会忽略那些可能在其之外运作的高度理性派别。因此，经过广泛的讨论，主要是与布莱恩和吉姆的讨论，我们转而接受了个人对虚拟公民身份的选择——这不就是社交媒体的作用吗？这也导致了我在会议期间发布了一个简单的推特（见图 9-1）：

地球需要一个虚拟的国家：理性国。国家的宪法只有一条：所有的政策都应以证据的重要性为基础。

图 9-1　作者就“理性国”话题发布的推特

在这样的理性国里没有公民身份测试，没有移民规则，没有对敌人拿起武器的忠诚承诺，只有对那条单行宪法的共识。

随后，有很多愤怒的声音。我被许多组织和媒体对这一想法的憎恶震惊，他们确信一个建立在证据和理性思维基础上的国家是行不通的。一些头条新闻标题如下：[16]

《美国新闻与世界报道》

理性的谬误

《新科学家》

一个由科学统治的理性国家将是一个可怕的想法

第9章

法律与秩序

《石板》

一个由科学统治的国家是一个可怕的想法

《联邦主义者》

尼尔·德格拉斯·泰森的“理性国”将成为一个可怕的国家

《艺术杂志》

对不起，尼尔·德格拉斯·泰森，

将一个国家的治理仅仅建立在“证据的力量”上

治理仅仅依靠“证据的力量”不可能成功

哇！这5家媒体中有3家在标题中使用了“可怕”一词，确保在你阅读他们的文章之前，他们的观点已经成为你的观点。《艺术杂志》的标题以“对不起”开头，就像大人对刚刚提出疯狂想法的孩子说话一样，而你，作为房间里的大人，必须礼貌地告诉他们这是不可能的。有那么多的舆论力量，不仅反对我，而且反对这个概念，连带反对我那些科学家和教育家同事以及泰勒·米尔萨，人们觉得我们要么完全无知，要么就是疯了。

或者说，与不同观点争论比探索他们的想法更省力。这些媒体都没有事先与我联系，让我在他们的文章中加入评论。他们对对话不感兴趣。我在社交媒体上的关注度恰好足够大，我可以针对他们所有的关注点发布回复，并让这些回复的受众远超他们的总发行量。但我没有这么做。

我对科学家不应制定地理政策的一贯口吻感到反感。最激烈的反对意见是这样一个国家的道德观从何而来，以及其他道德问题如何建立或解决。

我最后一次查阅美国《权利法案》（The Bill of Rights）时，里面依然没有关于道德的讨论，没有任何一处指出“你不应该杀人”；然而，有一整条修正案（第三条）阻止军队未经你的许可在你的家里打地铺。

如果法院的判决完全以证据为基础，那么，在苏格兰司法系统的启发下，我们被促使重新定义“无罪”，并增加了第三条判决，即“清白”。

有罪：证据显示你犯了被指控的罪行。

无罪：我们认为你有罪，但无法证明你有罪或无罪。

清白：证据显示你没有犯下被告的罪行。

另外，考虑到道德在不同时间和文化中的演变，通常是根据新出现的知识、智慧和洞察力，对以前持有的道德的影响和后果进行理性分析。例如，经常被当作道德源泉的《圣经》，并不是寻找反奴隶制评论的沃土，也不是讨论性别平等的沃土。

关于理性国的那条推特特别提到了政策，它可以更广泛地用来设定思考法律的框架。有关政策的例子是政府如果选择对研究和发展进行投资，应该投资多少；或者一个政府是否应该帮助穷人，如果是的话，以何种方式；或者一个城市应该在多大程度上支持平等的教育机会；或者是否应该对来自另一个国家的商品和服务征收关税；或者应该制定什么样的税率，以及什么样的收入；或者是否应该实施“碳信用”来管理并最终阻止化石燃料的使用……这些政策往往在政治派别之间陷入僵局，各派别都大声争辩说自己是对的，而对手是错的。这不禁让人想起那句格言:“如果一场争论持续时间超过5分钟，那么双方都是错的。”

此外，理性国宪法规定，在制定任何政策之前，需要有一组令人信服的证据来支持该想法。任何数据的缺失本身都可能是偏见的来源。在这样一个国家，数据收集、仔细观察和实验会一直发生，几乎影响了我们现代生活的每一个方面。因此，理性国将在发现方面引领世界，因为发现将被植入政府如何运作和公民如何思考的DNA。相关数据的缺失也将是一个众所周知的偏见的来源。

在理性国，研究人类行为的科学（心理学、社会学、神经科学、人类学、经济学等）将得到大量的资助，因为有关人们如何相互作用的知识大部分来自上述学科的研究。由于他们的研究对象是人类，这些领域特别容易受到社会和文化偏见的影响。因此，对他们来说，证据的可验证性将是最值得关注和优先考虑的。

在理性国，如果你想资助学校的艺术，你只需提出一个理由。它是否增加了公民的创造力？创造力对文化和整个社会有贡献吗？无论你选择什么职业，创造力在你的生活中都很重要吗？这些都是可检验的问题。它们只是需要可验证的研究来确定答案。在证据面前，辩论很快就会结束，我们就会转到其他问题上。

在理性国，由于证据的重要性被纳入宪法，每个人都会从小接受如何获得和分析证据，以及如何从数据中得出结论的培训。

在理性国，你将有完全的自由去做任何非理性的事。只是如果证据的分量不支持你的想法，你就不能自由地在你的想法之上提出和制定政策。由于这个原因，理性国可能是世界上最自由的国家。

在理性国，公民们会怜悯那些把他们的观点当作事实的新闻播报员。每个人生来就具有这样一种能力——无论何时何地，都能快速分辨出废话。

例如，在理性国，如果你想引入死刑，你需要提出一个理由。如果这个理由是为了阻止谋杀，那么整个研究体系将被投入使用（如果它还不存在的话），看看事实上，死刑是否能阻止谋杀。如果不能，那么你提议的政策就不会被支持，我们就会继续讨论其他提议。如果死刑确实能阻止谋杀，那么你必须接着问，如果国家被授予夺取自己公民生命的权力，并且不同时拥有使他们起死回生的神奇力量，那么如果你后来发现被你处决的人是无辜的，会发生什么？

在理性国，这个多元化的土地上，你可以自由地信奉宗教。只是你很难将政策建立在它的基础上。政策，根据这个词的大部分含义，是适用于所有人的规则，但大多数宗教的规则只适用于他们的信徒。

在理性国，心理学和神经科学的研究将确定我们都愿意承担何种程度的风险，以及我们可能需要放弃多少自由，以换取舒适、健康、财富和安全。

在理性国，你可以创建一个道德办公室，在那里提出和辩论道德准则。理性国的公民会接受什么样的道德准则？这本身就是一个研究项目。国家并不总是正确的，理性国也不会。奴役黑皮肤的人是一件好事吗？美国宪法有 76 年一直这样认为。妇女应该投票吗？美国宪法有 131 年都说不可以。

如果我们后来知道理性国的宪法需要额外的修正，那么你可以肯定会有证据来支持它。在这样一个世界里，人们肯定仍然会争论，但他们不可能因为意见分歧而开战。法院将成为理性讨论的堡垒，使法庭剧成为有史以来最无聊的电视类型。这些可能是永恒的正义和永久的和平的基础。也可能由于尚未收集到的原因，它不会是完美的，但它将是我们可预见的未来中能够拥有的最好的结果。

最后，它归结为：要使大家都信服并遵守的法律、需要可核实的客观证据来起诉罪犯的法律、我们都认为是公正的法律、我们希望能促进文明的利益的法律，以及促进人类和谐而不是不和谐的法律。此外，如果举止有轻微的违规行为，你要了解原因，以便评估和纠正，从而避免今后的违规行为。这并不总是涉及惩罚。要使这样的目标成功，需要一个适用于所有人的客观真理的法律体系，而不是只适用于某些人的政治信仰或个人真理的法律体系。

让我们为不远的将来的人们祈祷，今天的司法系统对他们的意义就像死亡审判对我们的意义一样。

第10章

身体与意识

我们可能高估了人类生理学

我最好的一些朋友由化学物质组成。事实上，我所有的好朋友都是由化学物质组成的。我们非常希望人体以及其他生物的生命，不仅仅是生物电化学反应的总和。无论你是否有宗教信仰，你可能都会谈及人类的“灵魂”“精神能量”或“生命力”，这些常见的例子意味着我们都对化学反应以外的部分怀有期待。不管怎么样，我们的化学组成部分仍在全力以赴地工作。美国每年综合汇编一次的《医师案头参考》[*Physician's Desk Reference*（*PDR*）]是一部庞大的汇编丛书，其中包含了1000种以上的处方药，包括药品生产商的名单，药物的彩色图片、推荐剂量、副作用、禁忌证、化学配方，以及其他各种与医生有关的信息。再加上似乎难以计数的非处方药、膳食补充剂和草药治疗，你就会发现组成世界经济的几乎所有分支部门都在为你的健康制造和提供化学物质。草药治疗，不管是古代的还是现代的，不管它们是否有效，仍然是向你体内注入化学物质，只不过制造它们的环境不是实验室。为了过上没有痛苦的生活，我们必须向大自然承认，我们就是由化学物质组成的，偶尔（或经常）还需要其他化学物质的帮助。从童年到老年，疾病是多么频繁地降临到我们身上，我们的身体部件是多么频繁地发生故障，我们应该对人体的运作感到惊奇。

我们该有怎样的惊奇？

我读7年级时的科学老师特别痴迷人体。他喜欢心脏，心脏可以持续泵送血液80年甚至更长时间而不停止。“我们建造的任何机器都没有持续过这么久而不需要修理。”他还赞扬了我们的手和脚，把它们描述为进化设计的顶峰，骨头、肌肉、肌腱和韧带，都在正确的位置。达·芬奇在1490年绘制的著名的《维特鲁威人》（*Vitruvian Man*），帮助确立了这一理想。这张图展示了一个人的形状，他伸出双臂，嵌入一个完美的圆，达·芬奇捕捉到了完美的人体几何比例。圆的确切中心是什么？人类的肚脐。当时，我才12岁，这些看起来强有力的论据让我相信人体的精妙和完美。但后来我才知道，人类肚脐的位置也有巨大的个体差异。如果你不喝水，一周内就会死亡。灾难性的器官衰竭会导致你的心脏停止跳动。[1]因此，心脏确实需要不断地维护，我们只是不自觉就忽略了这一点而已。

至于我们的两只脚，每只脚都有 28 块骨头和相应的韧带和肌腱。[2] 那些没有脚的竞技选手使用连接在他们腿上的弧形刀片作为脚，你肯定在残奥会上见过。它们看起来与人类的脚完全不同，但设计得更好，在行走和跑步时更省力。由于这些原因和无数其他原因，鉴于人类外形的缺陷和不足，而发明与我们一模一样的智能机器人的动机不大。

机器人可能藏有讨厌的计算机病毒，而我们藏有很多有益的微生物。在我们下结肠的每一厘米处生活和工作的细菌比所有曾经生活过的人类的总和还要多。对它们来说，我们只不过是一个温暖的、提供厌氧环境的粪便容器而已。是谁在发号施令？大部分情况下是我们自己。除非你扰乱了微生物，使它们失去了平衡。那样的话，它们就会接管肠道，让你必须寻找最近的厕所。把生活在我们的肠道和皮肤上的微生物都算上，你会得到比我们自己身体的细胞更多的生物体，这个数字可能高达 100 万亿。[3] 它们中的一些甚至可能影响我们渴望的食物，如巧克力，因为它们将较大的分子分解成较小的分子，使之更容易进入你的血液。[4] 你认为你的食欲是出于你自己的心愿，恰恰相反，可能是你肠道中的“巧克力细菌”在召唤你吃下巧克力。

而我们的感官呢？人类的身体，可以利用复杂的生物和电化学途径来解码环境。传统的五感——视觉、听觉、触觉、味觉和嗅觉，因其探测外部刺激的能力而获得了人们的重视。这些对我们探测世界是如此重要，以至于如果你缺少其中任何一个，就会被认为是残疾人。

按可达距离排名，视觉排在第一位。人眼可见的最远的东西是地球在银河系的伙伴——仙女座星系（Andromeda Galaxy），它位于 200 万光年之外，可以说是夜空中我们能以肉眼见到的最远的星星。接下来是我们的听觉。如果一个声音开始的时候很响，例如雷声，那你可以在几英里之外听到它。至于我们的嗅觉，你通常可以从家里的任何地方闻出是否有人刚刚做了晚餐，尽管烟雾探测器已经令人钦佩地取代了这个角色。最后，触觉和味觉派上了用场——身体直接与物品接触。

科学理论并没有达到实验性的成熟，直到工程师们开发出工具来磨炼、扩展，甚至取代我们的五感，而这些感官本身又极易受到我们精神状态的影响。不仅如此，我们还发现了远远超出人类生理学的感官。事实上，与科学现在掌握的几十种“感官”相比，我们的 5 种生物感官显得苍白无力，但这每一种感官都提供了了解自然界运作的特殊途径。现在，我们完全可以探测到其他看不见的电磁场，包括无线电波、微波、红外线、紫外线、X 射线和伽马射线；我们测量重力异常、光的偏振、光的光谱分解、十亿分之一的化学浓度、气压和大气成分。在医院里，我们有核磁共振——物理学中一种现象的杰出应用，它让你能够识别和映射一个体积中不同原子核的质量。利用这一现象制造的机器最初被简称为 NMRI，但“核”（Nuclear）是我们这个时代两个被禁止的“N”字头词汇之一，所以最终它从缩写中被删除了，以免让人们认为他们会在测量过程中受到致命的辐射。物理学家费利克斯·布洛赫和爱德华·珀塞尔因这一发现分享了 1952 年诺贝尔物理学奖。[5] 珀塞尔也恰好是我的大学物理学教授之一。他从事天体物理学研究，对氢原子的行为有开创性的发现，使那些使用射电望远镜寻找和跟踪银河系中大量氢气云的人有了依据。[6]

磁共振成像仪是医院中的高价值设备，然而它的根基不在医学，就算给予医学研究人员再多的钱也无法推动该机器运行原理的发现，这是因为磁共振成像是基于物理学定律。在医院，整个放射科（包括 X 射线、CT 扫描和 PET 扫描）、脑电图、心电图、血氧仪和超声波，凡是你能说出的设备，都是如此。如果医院的机器有一个开关，其功能可能是基于物理学原理。这就是它的工作方式，始终如此。机器的存在需要医学工程师们看到这种发现的效用。资助实用研究而不是基础研究的号召，以及当我们可以把钱花在地球上时不要把钱花在太空中的持续请求，代表了崇高但缺乏信息的愿望。想推进文明吗？那就全部资助吧。你永远不可能事先就知道哪些发现会改变你研究的领域，而这些发现是在你的专业之外诞生的。[7]

关于以上这些，尤其是超声技术对有关人体的一个常年争论不休的话题做出了贡献。在 9 个月的怀孕期中，有将近 5 个月的时间，人类的胎儿不能在子宫外生存，即使有密集的医疗护理。也许有一天我们会知道如何在医疗容器中使受精卵发育成熟，但现在看来，这一天可能还很遥远。在美国，关于我们赋予州和联邦立法者对其公民的子宫有多少控制权的争论很激烈。一些人强烈地认为，怀孕的人没有权利在 6 周后终止妊娠，这一刻大约在你第一次通过超声波检测到胎心的时候。[8]他们认为终止超过 6 周的妊娠就是谋杀。

准确地说，终止超过 6 周的妊娠是谋杀一个无法独立生存的人类胚胎，它的重量不超过一个回形针。在这个思想的背后，你会发现原教旨主义者和其他保守的基督教团体的强烈影响。在 15 个宗教氛围最浓厚的州中，[9]有 11 个州已经制定了法律，[10]准备在最高法院推翻罗伊诉韦德案（1973年使堕胎合法化的标志性案件）时禁止或大力限制堕胎。显然，对慈爱、怜悯的基督教上帝和所有人类生命（无论是否有生命力）的神圣性的信仰，有力地推动了这些观点。他们不是坏公民，他们是好基督徒——尽管这11个州中有10个州也接受死刑。[11]

总的来说，3/4的共和党选民支持某种反堕胎/反生命的姿态，[12]并通过法律严格执行，尽管共和党人在其他方面希望政府干预在美国人的生活中减少而不是增加。从医学上讲，在受孕后的前8—9周，未出生的人是一个胚胎，此后直到出生都是胎儿。[13]根据我的经验，那些鼓励生育的人会认为孕妇子宫里的是“婴儿”。这种简单的词汇变化，使保守的持生命至上观点的人有恃无恐地讽刺自由派那些支持“选择”的人既要也要——同时“拯救鲸鱼”和“打掉婴儿”。[14]

让我们来看看美国近年来的堕胎率。1990—2019年，在每年超过500万人次的怀孕中，[15]近13%的人被医学流产。[16]然而，仅凭子宫自身的力量，在所有已知的怀孕的前20周内，就有多达15%的人自发地流产。更多的流产甚至没有被察觉，因为它们发生在前3个月，往往在你知道自己怀孕之前就已经发生。综合来看，自然流产的数量可能超过所有怀孕的30%。[17]因此，如果上帝是掌管者，那么通过上帝流产的胎儿比通过医生流产的胎儿多。

当我们在谁控制我们的身体的问题上各执一词时，需要先考虑下面这些问题。

我们的生理学知识对我们的生计和福祉有多重要？如果你的某些生理机能发生故障或永远无法运作，你会不会处于不利地位？残障或残疾到底是什么意思？字典告诉我们，如果你是残障人士，那么你受损的身体部位明显限制了你在身体上、精神上或社会上的运作能力。也许在某个地方存在着模范人类，就像模范家庭一样，他们的一切都运作得很好。我们可以排队，轮流比较彼此，并决定我们中的任何一个人是否有缺陷。这些身体标准将包括工作的手指、手、胳膊、腿和脚，以及敏锐的感官。他们的平均身高、所有器官的功能与我们的医学教科书规定的一样，没有任何东西会影响或减弱他们的精神状态。这种做法有种感官和生理沙文主义的味道。[18] 无论理想是什么，都不会是你。整个行业的存在就是为了让你感到自己的不足，要求你投入无尽的时间或金钱，甚至两者，以达到正常状态。这种情况如此普遍，我们几乎无法以任何其他方式思考，但让我们尝试一下。

古典音乐大全中最为著名的作品是路德维希·凡·贝多芬的《第九交响曲》(*Ninth Symphony*)，这部作品完成于1824年，当时贝多芬完全失聪。贝多芬是残疾人吗？他一生中大部分时间（40多岁前）都能听到声音，所以也许这不是一个好例子。

1930年4月10日写给美国轮船公司罗斯福总统号（SS President Roosevelt）的冯·贝克船长的一封信如何？船长让一位乘客参观了舰桥，这位乘客当天晚些时候对这一经历大加赞赏：

> 我再次和船长一起站在舰桥上，他在“一百万个宇宙”面前安静而沉着，这是一个拥有神一般力量的人……在想象中，我看到船长站在舰桥上，凝视着宽广的天际，看到黑暗中布满了恒星、星云和星系。[19]

这位乘客就是海伦·凯勒，1904年毕业于哈佛大学拉德克利夫学院，19个月大时就失聪失明。

海伦·凯勒是残疾人吗？

马特·斯图兹曼是一名冠军射手，他也是一个汽车爱好者。哦，而且他生来就没有手臂。他用自己异常灵活的腿、脚和脚趾射箭（和修车）。[20]

马特·斯图兹曼是残疾人吗？

贾曼尼·斯旺森[21]热爱篮球，但他的身高远远低于NBA球员约1.98米的平均身高。尽管如此，贾曼尼还是继续努力打球，打得越来越好。2017年，被世界著名的哈林环球旅行者队发现之后，他一直为之效力。他在他们那里的绰号是“热射手”（Hot Shot）斯旺森。“热射手”是一个完全成年的人，身高约1.35米，天生患有侏儒症。这是一种遗传性疾病，会阻碍你的长骨生长。他是哈林环球旅行者队中最受欢迎的球员之一。

“热射手”是残疾人吗？

坦普尔·葛兰汀的思考方式与其他大多数人不同。事实上，她的思维方式更像农场动物，而不是农民。这个奇怪的事实导致了她从事畜牧业，最终获得了伊利诺伊大学的动物科学博士学位。她是60多篇研究论文和十几本书的作者，2010年，她是美国《时代》(*Time*)周刊评选的“100位世界上最有影响力的人”之一。[22]两岁时,她的发育迟缓被诊断为“脑损伤”。坦普尔·葛兰汀患有自闭症,这是一种神经系统疾病,在她看来,这种疾病影响并培养了她对农场动物思想的独特见解。

坦普尔·葛兰汀是残疾人吗?

物理学家斯蒂芬·霍金在其职业生涯的大部分时间里,都无法使用自己的身体。他因缓慢的、早发的肌萎缩侧索硬化(amyotrophic lateral sclerosis,缩写为ALS,或称卢伽雷氏症)而瘫痪。同时,他的大脑仍在工作,他在黑洞和宇宙学的量子物理学方面有重大发现。1988年,他还写了《时间简史》(*A Brief History of Time*),这是有史以来销量最大的一本科学书。在机器的帮助下,霍金继续发表文章,并在一生中挥洒着敏锐的幽默感,直到2018年去世。[23]

斯蒂芬·霍金是残疾人吗?

奥利弗·萨克斯是一位著名的神经病学家,在他的专业领域内开创了整个子领域。他也是一位畅销书作家,将人脑描述为“宇宙中最不可思议的东西”。他的生活非常丰富多彩,同时患有一种被称为“脸盲症”(face blindness)的神经疾病。他因不能识别人脸而产生严重羞怯,即使他能认出你的其他一切特征。[24] 2012年，在纽约市库珀联盟学院的一次关于幻觉的讲座后，我问他："如果你能回到过去，你会在年轻时服用一种神奇的药丸来治疗你的神经系统疾病吗？"他毫不犹豫地回答："不会。"他对人类思维的整个专业兴趣，正是由他自己大脑中的紊乱所激发。

奥利弗·萨克斯是残疾人吗？

吉姆·阿伯特一直想成为一名职业棒球运动员，这是许多美国男孩的共同梦想。吉姆还想成为大联盟中的投手。他成功了，为许多球队效力，取得了胜负参半的记录。但在1993年9月4日，当他为传奇的纽约洋基队打球时，他投出了一个全垒打，那是在整场比赛中唯一没有击球手被击出的情况。在大联盟历史上的22万场比赛中，大约有320个全垒打运动员。由于先天性的缺陷，吉姆·阿博特出生时没有右手。

吉姆·阿博特是残疾人吗？

路德维希·凡·贝多芬、海伦·凯勒、坦普尔·葛兰汀、斯蒂芬·霍金和奥利弗·萨克斯的生活都曾被拍成长片，由知名演员扮演他们。接下来，马特·斯图茨曼、"热射手"和吉姆·阿伯特的人生都有可能被搬上大荧幕。他们中的每一个人都比地球上几乎所有其他人在他们的专业领域做得更好（或曾经更好）。

他们所取得的这些成就并非忽略了残疾，而是因为残疾更显难得。

残疾是相对的概念。例如，你可能从没留意过路缘石，但对一个坐轮椅的人来说，它是过马路时的有力帮手；如果坐轮椅的人知道矢量微积分，而你不知道，我们是否应该把你的数学盲归为残疾？这让我想到我发的一条推特（图 10-1）：

一些急于说“这些学生就是不想学”的教育工作者应该反过来对自己说：“也许我的工作很糟糕。”

Some educators who are quick to say, "These students just don't want to learn" should instead say to themselves, "Maybe I suck at my job."

6:27 PM · Mar 16, 2022 · Twitter Web App

图 10-1　作者就“教育工作者”话题发的推特

我们能说一位不会画画的非艺术家是残疾吗？当你不擅长一件事的时候，你通常会尝试其他东西。在一个自由的社会里，有很多“其他的东西”存在，甚至，你可以只做你喜欢的事情，不管别人怎么劝阻你。面对那些试图将谁应该或不应该成功标准化的反对者，你完全可以取得卓越的成功。这让我想起了一则现代谚语：

那些跳舞的人被那些听不到音乐的人认为是疯了。①

也许每个人都有某种程度的残疾。如果是这样，这意味着没有人是残疾人。

作为一个物种，我们是如何拥有思想的？我们大多数人都接受这样一个概念，即我们只使用了 10% 的大脑。显然，它不是真的，但一个多世纪以来，它一直存在，因为在内心深处它符合我们的渴望。[25] 通灵师希望它是真的，这样他们就可以宣称未开发的心灵力量在等待着我们所有人。教师希望它是真的，这样他们就能激励表现不佳的学生。我们其他人也希望它是真的，因为它给我们自己带来了希望。大脑扫描显

---

① 这句话通常被认为出自 19 世纪德国哲学家弗里德里希 · 威廉 · 尼采之口。——作者注

示，其已开发的程度远远超过 10%，但我们大脑的一部分根本不会发光，无论受到怎样的刺激——相当于神经宇宙中的暗物质。[26]

人类无疑是地球生命之树上有史以来最聪明的生物。我们的大脑消耗了我们身体 20% 的能量，[27] 所以甚至连我们的生理学也重视这个器官。在我们寻找外星智能的过程中，我们推测他们至少和我们一样聪明。然而，谁把人类评估为智能？是人类。这又是那种傲慢、自我膨胀的表现。让我们继续。我们比地球上第二聪明的生物物种黑猩猩要聪明得多。然而，我们与他们共享 98% 以上的相同的 DNA。这 2% 的差别是多么大啊！我们有诗歌、哲学、艺术和太空望远镜，而最聪明的黑猩猩可能会把箱子堆起来，以够到悬挂在上面的香蕉，这一点人类的幼儿也能做到。或者他们可能会选择正确的树枝来从土堆中提取美味的白蚁。那么，这（不起眼的）2% 的差异如何解释我们宣称的相对于黑猩猩的巨大智慧呢？

也许我们彼此的智能差异就像 DNA 中 2% 这一数字所表明的那样小。我们都没有想到这个问题，因为我们只关注我们在动物王国中的地位。生命之树上挤满了比我们做得更好的动物。换句话说，如果夏季奥运会向所有动物物种开放，我们几乎会输掉每一个项目。这种“更快、更高、更强”的格言使人类在动物王国中远远落后。

有一件事我们在身体上比其他所有动物都要好。我们可以把任何陆地动物都斗得筋疲力尽。早期人类的洞穴壁画通常描绘了对鹿、野牛和其他大型放牧哺乳动物（包括猛犸象）的狩猎。每个物种都比我们强壮，跑得比我们快，但它们不可能永远跑下去。我们大多没有毛发的身体使我们在追逐猎物时能有效地出汗并保持凉爽，而我们毛茸茸的猎物最终会过热并倒下。长矛也会帮助缩短追逐的时间。只要你的猎物是食草动物，这种战术就非常有效。如果你跟踪食肉动物，它就会转过身来，跟踪回来，然后吃掉你。人们可能会怀疑，任何渴望狮子肉的穴居人都会迅速从基因库中消失。

尽管身体汗流浃背，我们最好的资产还是我们的大脑。是的，我们有巨大的哺乳动物的大脑，但它们不是最巨大的。鲸鱼、大象和海豚的大脑都比我们大。把大脑的重量除以身体的重量，算出大脑与身体的重量比，结果怎么样呢？人类是地球上最智能的生物——第一，我们有巨大的大脑；第二，大脑与身体的重量比，在这个指标上，我们拔得头筹。

等等，在第二个指标上，一个不受欢迎的异常情况出现了。[28] 例如，小鼠的大脑与身体重量的比例就与人类不相上下，所以我们在这个名单上并不占优势。如果我们把排名扩大到所有脊椎动物，而不仅仅是哺乳动物，我们就会输给鹦鹉等小鸟和乌鸦等中等鸟类。油管上甚至有一段视频，显示一只喜鹊在街上喝瓶子里的水，但它的喙只能伸到瓶口下一点点。[29] 每次喝完水后，水位下降，喜鹊就会找到一块可以塞进瓶口的石头，把它丢进去，使水位上升，这样它就可以继续喝水。在视频中，喜鹊重复了 7 次这种阿基米德式的壮举。几个世纪以来，有一件事是肯定的，我们一直在低估我们的动物伙伴的智力，当它们做一些我们认为聪明的事情时，我们会感到震惊。可见，我们的自我多么脆弱。

如果我们把大脑与身体重量之比的排名扩大到所有动物，而不仅仅是脊椎动物，那么蚂蚁就会赢得非常轻松。平均而言，人类的大脑占我们体重的 2.5%，然而对于某些蚂蚁物种来说，它们的大脑接近于体重的 15%。考虑到这一点，我们不得不得出这样的结论：若外星人造访，按前面所说的大脑情况决定与地球上物种进行沟通的顺序，那它们将首先尝试与蚂蚁聊天，然后是鸟类，接着可能是鲸鱼、大象和海豚，再是小鼠，最后也许，只是也许——人类。

多么令人汗颜。

但是，我们可以用我们引以为傲的智慧来弄清事情的头绪，用我们灵活的双手来建造东西。毫无疑问，我们在这些方面的能力是顶尖的，这又让我们回到了黑猩猩和人类的比较。想象一下，外星生命的DNA与我们有2%的不同，而我们的智力与黑猩猩的相同。如果最聪明的黑猩猩能做人类幼儿能做的事，那么最聪明的人类也能做这个外星人的幼儿能做的事。真实的外星人可能根本就没有DNA，但这并不能改变这个思想实验的初衷。如果外星人的智力与我们的灵长类动物学家在地球上寻找到最聪明的人类相当呢？比如外星人在霍金死前找到他。如果是这样，外星人就会在他们的科学会议上把霍金往前一推，宣布这位好教授能在脑子里做天体物理学计算。就像小朋友从学前班回到家，继续向父母展示微积分基本定理的推导。父母回答说："哎呀，真可爱，让我们买一块冰箱贴，把你的草稿纸展示在冰箱门上！"

这些成年外星人最简单的想法都会超出人类的理解范围。就比如人类的这句话，"让我们在上午10:30见面喝杯咖啡，在媒体公开报道之前讨论一下季度报告"，其中包含了大多数黑猩猩无法理解的概念。再考虑一下，无论你的乘除法有多差，你都比任何黑猩猩的计算水平要高得多。鉴于这些严酷的现实，我们的外星人可能根本不会把人类评为智能生物。试想一下，他们会有怎样的想法、发现和发明？事实上，我们不可能想象出来。对他们来说，在堆叠箱子拿香蕉与设计和发射太空望远镜之间只有微不足道的区别。至于那些拥有比人类多5% 或 10% 的智慧的生命形式，这个百分比越大，我们在他们眼中就越像虫子在我们眼中一样。

情况变得更糟了。

除了简单的手势，我们不知道如何与黑猩猩进行有意义的交流。我们甚至不能告诉它们:“明天下午再来吧。我有一批新的香蕉要运给你。”基于我们为了让大脑袋的哺乳动物按我们说的去做而投入的努力，我们倾向于以理解我们的水平来衡量它们的智力，而不是反过来以理解它们的水平来衡量我们的智力。既然我们无法与地球上任何其他物种的生命进行有意义的交流，甚至是那些在基因上与我们最接近的物种，我们是多么大胆地认为我们在第一次见到外星智能生命时就能与之交谈。

宇宙视角有充分的理由羞辱我们人类的傲慢。但问题是，我们在宇宙的智能生命形式中是否有一席之地？我们是否拥有足够的智慧来回答我们所提出的宇宙问题？我们是否拥有足够的智慧，甚至知道要问什么问题？

这让我们何去何从？我们是否能够理解大脑的工作原理？按照同样的标准，宇宙能否创造出比宇宙本身更复杂、更巧妙的东西？我为这个想法失眠。我们经常赞叹人类大脑的复杂性：它所包含的神经元数量可以与银河系中的恒星数量媲美；[30] 我们拥有惊人的理性和思考能力；我们的额叶赋予了我们高水平的抽象推理能力。我们已经制造出了计算机，它们在我们为自己设想的几乎所有大脑竞赛中都能胜过我们。你知道这个名单。它很长，很丢人。现在再加上一台能在 0.25 秒内解出著名魔方的机械计算机。[31] 由于从未看过任何解法，很久以前我最好的个人成绩是 76 秒——这比机器慢了 300 倍。此外，计算机很快就会代替我们来驾驶我们所有的汽车，而且速度更快，效率更高，引发交通事故越来越少，从而导致死于交通事故的人数越来越少，而不是像现在这样平均每年在美国有 3.6 万人死于交通事故，全世界有 130 万人死于交通事故。[32] 因此，无论宇宙能否制造出比自己更复杂的东西，我们已经设法制造出比自己更有能力的东西了，而且我们才刚刚开始。

如果一块有电流通过的硅片能够在许多方面超过我们的大脑，也许我们高估了自己的思考能力。这并不奇怪，我们喜欢自视甚高。毕竟，我们中间一些受过教育的成年人，也会迷信地害怕数字13，有些人确信地球是平的，有些人把生活中的不幸事件归咎于水星的逆行。不仅如此，引入（或移出）大脑的简单化学物质大大扰乱了我们对客观现实的感知。相信在不久的将来，随着人工智能技术的不断进步，我们肯定会在视频元宇宙中创建出一个远比我们自己更理性的虚拟人类——所有人类的优点和缺点都没有。

有人可能会问，我们现在是否生活在这样一个虚拟世界中？根据推理来看，是这样的。在一个真实的宇宙中，智能生命进化并发明了强大的计算机来为人类编程，这些人类是如此的真实，以致其本身有一种自由意志，并且不知道他们是被虚拟的。他们进化到足以发明他们自己的强大计算机，并为其他生命编程，这些生命是如此真实，他们也不知道自己是被虚拟的……继续这个练习，只要你愿意。如果你捂住眼睛投掷飞镖，你更有可能击中一个虚拟的宇宙，而不是开始这一切的原始真实宇宙。因此，我们很可能生活在一个虚拟世界中。这就是推理的过程。然而，仔细想想，一台根据特定目的创造出来的计算机不可能有能力做出我们人类历史上所表现出的所有无意义和非理性的行为。因此，这可能是迄今为止最好的证据，证明我们并没有生活在一个虚拟世界中。这就是所谓的“荒诞性辩护”。

生命与死亡

用天真的眼光来看，看着一个胎儿在子宫里成长，并从一个人的腹中破肚而出，是一件符合太空外星人想象的生理学事件。除非你是一名产科医生或助产士，否则人类的出生会是你所见过的最为罕见的正常事件之一——在世界范围内，平均每秒钟有4个婴儿出生。[1]随着每一次出生，一个新的意识进入了这个世界，由于现代医学的进步，他们的预期寿命不断增加。另一个罕见又正常的事件则是死亡。除非你是急诊室的护士、法医或武装冲突中的现役士兵，否则你一生中可能最多只会目睹三四个人的死亡。然而，全世界每年有6000万人死亡，大约平均每秒钟有两个人死去。[2]

我们今天可以期待的寿命几乎是1900年人们的两倍。[3]在任何一个古老的公墓里走一走、算一算，每个墓碑上凿刻的出生和死亡日期都无声地见证了过去时代人类寿命的短暂。你会庆幸自己活在今天，而不是活在过去的任何时候。但是在一两百年后，那些参观存放我们遗体的墓地的人是否会对我们有同样的想法，并且同情我们这微不足道的80年的预期寿命？他们会是那些活得足够久、在遥远的行星之间旅行过的人吗？

假设我们可以永远活着。

活着总比死了好。尽管更多时候，我们把活着当作理所当然的事。问题是，如果你能永远活着，你会愿意吗？长生不老就是拥有世界上所有的时间来做任何你想做的事情。如果你愿意，未来你甚至可以叛变一代星舰，回到地球的家。这似乎是一个有吸引力的想法，但也许正是有关死亡的认识促进了我们对活着的关注。如果你长生不老，那还急什么呢？为什么今天要做你可以推迟到明天的事情？也许没有什么事情比知道你将永生更加让人失去动力了。关于你的死亡的知识本身也可能是一种力量——实现自我的冲动，以及在当下而不是以后表达爱或其他情感的渴望。从逻辑上讲，如果死亡赋予生命以意义，那么永生就使活着毫无意义。

出于上述这些原因，死亡对我们精神状态的意义可能比我们愿意承认的更为重要。如果你给所爱的人带来了一束五颜六色的花，而这些花是塑料的，或是丝绸的，它们肯定不会像鲜花那样受到赞赏。永生的花缺少了情感的意义。我们喜欢看到花束中每一朵花从花苞慢慢展开、绽放，它们的每天都有不一样的美好。我们被鲜花无法抗拒的香气吸引，我们适当地给予它们需要的照顾，我们拥抱它们的衰老，它们的根茎变弱，不再能承受褪色花瓣的重量。花店仍然在营业，因为通常在收到花的一周内，正是花的死亡赋予了它们对你所爱之人的意义。与之相比，永生花不需要维护，它们没有气味，永远不会死亡，在一周、一个月或一年后仍然美丽如初，它们甚至可以收集灰尘。

狗不是花，但它们传达了一个类似的故事。你有没有注意到它们可以多么热情？如果你允许，狗会跳到你身上，舔你的脸。它们会追赶并捡回你扔的东西。当你回到家时，它们会欣喜若狂，即使你只是出去看了看邮箱，然后马上就回来。它们喜欢你与它们相处的每一分钟。对大多数狗来说，每一天都很重要。人类的寿命大约是狗的 7 倍。[①] 这就是著名的“狗龄”计算法：将狗的实际年龄乘以 7，就得到了一个与之相当的人类年龄。保持这个 7∶1 的比例，狗的一天就是人类的一周，

① 狗的寿命通常为 11—13 岁，人类的寿命通常为 75—90 岁。——作者注

也许这就是它们重视每一天的原因。就像壁炉上的花一样，它们没有一天不迫使你注意和微笑。如果有一只小狗在你的童年时期被你的家人带回家，在你的见证下，它一天天地成长与衰老，最终在你上高中或大学时死去，你肯定还会记得那些年的美好时光。

不是所有的东西都会因为变老而死亡。人类有一种集体的错觉——我们总以为大自然是一个养育人的、关心人的实体，是人类的摇篮，乐于保护所有形式的生命；实际上正相反，地球是一个巨大的杀人机器。所有的气候和地质力量都可以轻易让你死亡，如干旱、洪水、飓风、龙卷风、地震、海啸和火山；有些生物想吸你的血，给你注射毒液，感染你的生理机能，或者干脆吃掉你……这一切没有尽头。

宇宙也想杀死你。

在地球生命史上的6次灭绝事件中，至少有一次——6600万年前的白垩纪—第三纪灭绝事件（即K-T事件，近年来也被称为白垩纪—古近纪灭绝事件，即K-Pg事件），部分或全部是由一颗大小如珠穆朗玛峰的“流氓小行星”撞击引发的。[4]这一天对陆地和海洋中70%的物种来说也是一个坏日子——它们因此灭绝了。如果你认为这很糟糕，那再告诉你一个更糟糕的真相：在2.5亿年前所谓的二叠纪—三叠纪大灭绝期间，地球上的生命几乎完全消失。[5]

现代人类是大自然之怒的同谋。我们对原始生态系统的侵占正在使物种灭绝，其速度是自然发生的1000倍。[6]地质学家已经命名了一个时间段来说明我们对地球生物圈产生的动荡：从11700年前农业的黎明到今天甚至未来很长一段时间，他们称这段时期为“全新世”（Holocene Epoch）。

在曾经生活在地球上的所有物种中，99.9%已经灭绝了。[7]谁知道有哪些生物多样性是因为缺乏运气、力量或生存意志而从世界上消失的？

假设我们真的长生不老，一个实际的问题是：如果每个出生的人都不死，而且人们不断地制造婴儿，那么地球的人口将迅速超过地球资源能支持人口的最大值。因此，我们停止死亡

的那一天也必须是我们找到另一个星球来容纳我们这些过度呼吸空气的人类的那一天。这种对其他星球的需求将永远不会停止。但是宇宙是浩瀚的，我们银河系仅占其中一小部分，目前已知系外行星现在已经增加到了5000多个，可我们还是不知道哪些适宜人类居住。因此，有人提出我们只需要发明地形改造技术和曲速驱动器或虫洞运输系统，一切就会好起来。

我们想长生不老是因为我们害怕死亡，我们害怕死亡是因为我们出生时只知道生命。然而，我们并不害怕从未出生过。虽然活着肯定比死了好，但活着并不一定比不存在要好。历代宗教都对死后发生的事情进行了详细的描述。对一些人来说，这包括再生前发生的事情——这是轮回的基本原则。科学对瓦尔哈拉、极乐世界、哈迪斯、天堂、地狱或你祖先的灵魂保持沉默。然而，科学的方法和工具确实对你死后会发生什么做出了冷酷、具体的陈述。宏观来看，你一生都在吃东西，你的身体提供卡路里。卡路里只是一个能量单位。你的身体从这些卡路里中产生热量，将你的体温维持在近37摄氏度，尽管一般情况下你周围没有其他东西也是这个温度，但在生物学上，人类只有保持这个温度才能正常活动。当你清醒时，你也需要能量来走路、说话和工作；当你什么都不做的时候，你也需要能量。这些是我们吃东西的主要原因。

人类在死亡的那一刻，将停止代谢，身体会慢慢下降到室温。在葬礼上，如果你触摸棺材里的人，你会发觉他们的身体是冰冷的——即使是在室温下，与仍在燃烧能量的活人的手相比。

大多数生物分子都蕴藏着能量。当一个人被火化时——当分子燃烧时，这些能量以热的形式逸出，使火葬场烟囱的空气变暖，然后以红外光子的形式辐射到地球的大气层，最终进入太空，以光速飞行。这听起来是一种病态的浪漫，但对我而言，我宁愿死后被埋葬。因为假设我的红外能量可以穿过真空，在任何时候对任何人或任何东西都没有实际的用处，索性不如把我埋在 6 英尺深的地下，让虫子和微生物在我的尸体上爬进爬出，让它们在我的肉体上进食，让植物和真菌的生命王国的根系从我的身体中提取养分。我的分子中的能量，即我在一生中通过消耗这个地球上的动植物而聚集起来的能量，将返回到它们那里，继续生物圈的生命循环。

没有证据表明人类死后还可以体验到活着时拥有的意识。死亡前那短暂的瞬间，你所有的思想、感觉和对宇宙产生认知的电化学来源——你的大脑，通常会照亮核磁共振，变得缺氧。我们知道那是你在消失，那些经历了致命性中风的人在进入意识不清的状态时，会悲惨地失去他们全部的身心功能。这并不奇怪。在你被孕育之前，你有意识吗？那时的你是否抱怨过："我在哪里？我怎么不在地球上？"不，你根本就不存在，如果你幸运地出生，你生前的不存在就注定了你死后的不存在。

除了宗教可能赋予生命无限价值外，经济学家们在计算你死后的价值时没有任何道德上的犹豫。法院对侵权行为多年来一直在这样做，并且使用了许多方法。[8]最常见的是，如果你由于他人的疏忽而失去生命，或成为永久残疾，无法再维持你的生计，他们会计算你未来因此而失去的收入。

另一种计算方法来自诱使人们从事危险的工作，给他们支付比没有生命危险的同等工作更多的报酬。[9]如果你愿意每年多拿 400 美元去做一份有 2.5 万分之一的概率在当年死去的工作，那么，在你眼中，你的生命价值就是 400 美元 ×2.5 万 = 1000 万美元。

还有一种计算方法——我们可以转而评估你对文明的债

务。从你出生起获得第一份全职工作（无论是高中还是大学毕业后），你的家庭，你所在的城市、州和国家都在对你进行投资。每个孩子都需要食物、尿布和住所，如果再享受昂贵的日托或保姆照顾、私人辅导或私立学校教育（这取决于你有多大的特权），每个孩子的花费总和将高达100万美元以上。再让我们来估算一下那些有两个孩子的中等收入家庭的情况吧。假设抚养一个孩子从出生到18岁的费用是23.3万美元，上4年的州立大学需要10万美元，如果上的是私立大学，则还要加倍。[10]如果你在上完学之后不幸死了，别人在你身上投资的几十万美元和你的未来瞬间将蒸发了，所有获得投资回报的机会都消失了，然而，这恰恰是你该被征召入伍的年龄。在越南战争（最后一次征兵的战争）中死亡的5.8万名美国人中，61%是21岁或更年轻的人，即大约有35380个年轻人在本来可以开始对经济产生回报的时候被杀。[11]军事上的鹰派人士会说，他们在战场上献出生命就是对国家的最终回报。如果活着总比死了好，那么对国家最好的回报应该是不惜一切代价，杜绝因为对世界怀有不同的看法而互相残杀，确保每个人都能健康长寿地生活。

人类通常是在人类感情里最亲密的行为中受孕的，然后在子宫内孕育9个月，再吸吮12个月，并在长辈持续的悉心照顾下进入幼儿期。之后，人类进入小学，学习阅读、写作和算术。在初中和高中，我们还学习生物、化学，也许还有物理学。我们阅读文学作品，学习历史和艺术，甚至可能参加体育运动，终身的友谊在这些活动中发芽。我们还可能学习世界上其他人类使用的语言。我们参加所有的季节性仪式，我们在现代社会中保留了这些仪式，作为一种约束力量，将我们聚集在一起。然后，成年期到来了。再然后，21年过去了，地球以每秒30千米的速度完成了围绕太阳的21次——总共200亿千米的空间运动。

一直以来，人类都在发明、改进和完善杀伤性武器，例如地雷、突击步枪、导弹和炸弹，其中任何一种武器都可以在瞬间结束一个生命。一瞬间有多长？一颗从高速步枪射出的子弹，以3倍声速移动，可以在不到万分之4秒的时间内穿过你的胸部，在你的心脏上撕开一个洞，并从你的背部冒出来——甚至在你听到武器开火的声音之前。对于任何规模的炸弹来说，其冲击波都会造成大范围伤害。迅速膨胀的空气，在到达你站立的地方时，可以在千分之一秒内炸开你的身体。一个人也可能因意外或不幸的疾病而过早死亡，但我们发明这些武器的唯一目的是要在瞬间杀死其他人类——我们的同类。自前文明时代以来，战争对人类的生命造成了惊人的损失。然而，即使不包括有组织的武装冲突，人类也会以每年超过 40 万人的规模谋杀其他人类——是的，在全世界范围内，人类平均每天杀人超过 1000 次。

尽管存在这些屠杀，人类并不是对自己最为致命的动物。狮子、老虎和熊也不是最危险的动物。最有杀伤力的不是蛇或鲨鱼，而是蚊子。它们是寨卡病毒和登革热病毒的携带者。此外，寄生虫疟疾导致每年 50 多万人死亡，其中大多数是幼儿。[12]致命的大自然，又来了。

你是否真的知道生命的珍贵？曾经出生的人口总数约为 1000 亿。然而，产生可生存人类版本的遗传密码至少可以有 10^{30} 种。[13]这个天文数字开头是一个 1，后面有 30 个零，也就是说，提供了一百万万亿个可能的灵魂。把它们都检查一遍，我们就能再次找到你，或者至少是你的双胞胎。但这不会很快发生。到目前为止，我们的生命之树的分支产生了不超过 0.0000000000000001% 的所有可能的人类，这迫使我们得出结论：大多数可能存在的人甚至永远不会被孕育出生。[14]我们每一个人——无论现在或将来都是宇宙中独一无二的存在。

活着本身就是一场庆典，每一个清醒的时刻都值得庆祝。既然如此，在活着的时候，我们为什么不努力使今天的世界比昨天更美好，而只是庆幸自己生活在其中呢？我想，在我临终前，我会为错过人类集体智慧所带来的杰出发明和发现而感到难过，当然前提是促进这种进步的系统保持完好。这就是我在有生之年致力于推动科学和技术指数增长的原因。我还想知道文明社会进步的弧线是否会断断续续地勾勒下去，从而奖励任何来自人类受压迫阶层的时间旅行者，让他们访问未来而不是过去。

在死亡时，我将错过我孩子的成年生活。但这不是悲剧，只是一种自然且正常的自私的渴望。我应该先于他们而去，因为真正的悲剧是白发人送黑发人。在烈士的家庭中，他们经历了太多儿女、兄弟和姐妹在战争中丧生的悲剧。

总的来说，我并不害怕死亡。相反，我害怕的是我本可以取得更多成就的人生最终却一事无成。19 世纪的教育家霍勒

斯·曼的墓志铭值得一提：

我恳请你们把我的这些临别赠言珍藏在心中，

在你们为人类赢得一些胜利之前，

请以死为耻。[15]

我们不断向上探索的原始冲动肯定比我们不断互相残杀的原始冲动更大。如果是这样的话，那么人类的好奇心和惊奇——这两辆用来探索宇宙的战车，将确保有关星空的信息继续降临。这些见解迫使我们在地球上存活的短暂时间里，成为我们自己文明的更好的牧羊人。是的，活着比死亡好，活着也比从未出生过要好。但我们每个人都是在巨大的困难中活着。我们赢了只有一次机会的生命彩票。我们可以调用我们的理性能力来弄清世界是如何运作的，我们也能闻到花香。我们可以沐浴在神圣的日落和日出中，并深深地凝视着它们所拥抱的夜空。我们可以在这个光辉的宇宙中生活，最终迎来死亡。

致谢

关于这本书的写作，我要感谢许多人，他们阅读了早期和后期的草稿，并基于他们的热爱、兴趣与专业知识，提供了许多评论。我在美国自然历史博物馆的同事伊恩·塔特索尔（古人类学家）和史蒂芬·索特（天体物理学家）提供了宝贵的见解，深化了我对多个主题的处理。我的朋友格雷戈里·博热（律师和军事历史学家）、杰夫·科瓦奇（投资者）、保罗·甘布尔（前海军军法检察官和法官）、爱德·康拉德（保守派经济学家）、艾琳·伊希考夫（中世纪小说家）、希瑟·柏林（神经科学家）和艾尔文·雷德莱纳（医学博士和公共卫生活动家）为这本书的各个主题提供了相应的专业知识，我很荣幸能够获得这一系列专业人士的协助。马加特·韦德（文化企业家）和尼古拉斯·克里斯塔基斯（社会学家）都是我新认识的朋友，他们也为本书所提出的一些论点提供了参考性的见解。

老斯蒂芬·泰森兄弟（艺术家和哲学家）像任何优秀的

艺术家一样，对真理和美的议题进行了权衡。我的女儿米兰达·泰森（社会正义教育家）和儿子特拉维斯·泰森（大四学生）都明确表示，对于他们的世界观，我可能永远都不够清醒，这有助于将书中的许多段落带入21世纪的第3个10年，它们属于那里。嫂子格雷切尔·哈撒韦（多元化、公平性及包容性专家）提出了她自己的一些透彻的意见。表哥格雷格·斯普林格（自由主义的南得克萨斯农场主）帮助收紧了我不知道需要收紧的观点。侄女劳伦·沃斯堡（健康顾问）是一位新时代的理性主义者，也是我进入那个思想世界的引路人。塔姆森·马洛伊（失效的摩门教徒和终身素食主义者）帮助我充实了各种主题的论述，否则我会在文稿处理中略过一些细节。喜剧演员查克·尼斯就文中偶尔的幽默转折提供了有效的建议，以提高读者阅读时的愉悦感。而我的妻子爱丽丝·杨（数学物理学家）在各方面都很睿智，在我最需要的地方和我最不期望的地方都给出了有益的见地。

我也很感谢《星际信使》的荷兰语译者扬·威廉·尼恩胡斯，他从以前的书中了解我的工作。他精通数学、物理学和天文学，并且设法抓住了那些被我和其他十几位专家忽略的遗漏和错误。

并非所有的分析都是由互联网搜索引擎提供的。这里提供的一些看似简单的数字，实则来自大量的数据汇编。为此，我感谢研究员莱斯利·穆伦，她能够从无生命的数据中提炼出充满活力的知识。

我也感谢朋友里克·阿姆斯特朗为我联系到埃德加·D. 米切尔（阿波罗 14 号宇航员）的女儿金伯利·米切尔。很高兴我们现在成了朋友，她对正确对待世界的承诺不亚于她父亲。埃德加·D. 米切尔贡献的开篇语开启了这整本书。

我为亨利·霍尔特公司对这一项目表现出的热情感到高兴，特别要感谢蒂姆·杜根（执行编辑）、莎拉·克莱顿（主编）和艾米·艾因霍恩（出版人）。我对这本书的看法和他们对这本书的想象产生了高度共鸣。

最后，感谢贝特西·勒纳（诗人、文学经纪人）30 年来一直支持我的写作。她帮助我修改了本书所有章节的内容，同时以高度的文学敏感性对本书写作的语气和节奏提出了宝贵的建议。

译后记

高　爽

在我写下这篇译后记的时候，我儿子正在我身后练习小提琴。每天的练琴环节是他最不想开始的活动，他完全可以做到老师布置的任务，但会在开始练习之前想象出无数的困难，让练琴这件事成为头脑中的恐怖巨怪，给自己立下内心的誓言“我肯定拉不好”。怎么办呢？为了让可怕的失败别出现，他采取的策略就是能不练就不练，能少练就少练，能晚一点练就晚一点练。

很奇怪对吧？

练习本来应该是解决不熟练的最好方法，如果有人担心某件事的结果不够美好，合乎逻辑的策略应该是事先增加练习和准备的工夫，而不是采取南辕北辙的策略。其实，像孩子的畏难情绪这样不合逻辑的行为在成年人身上一点也不少见。

吵架的家人为的其实是相同的目标，因为担心离心离德而爆发无休止地争论；面对重要的工作，我们选择晚一点再开始，没有 deadline（最后期限）就没有生产力；“买买买”能让我们一时安心，但很快就会带来新一轮的不安；我们懒得思考宏大的叙事，而是用娱乐化的方式对待一切严肃的主题并陶醉其中。

你看，用争吵来和家人保持亲密，用拖延来帮助工作做得更好，用过度消费来补偿收入不足的焦虑，用浅薄来治疗读书太少的问题……好奇怪啊。

是啊，人类就是这么奇怪。电影《流浪地球》里人工智能量子计算机 MOSS（莫斯）在被烧毁之前无奈地叹息道：“让人类一直保持理性，真是一种奢侈。”理性，客观，尊重和追求数据本身的逻辑，从外星人的视角反思人类的环境，在概率论与统计学面前保持谦卑……这些品格并非人类与生俱来的本事，它们全部需要花上很大的力气去学习和练习才能掌握。在这方面，提供学习和训练指导的就是我们的科学家群体。

有人问，为什么中国古代没有产生现代意义上的科学体系？这其实不是一个正确的问题。在我们考察人类的科学史之后，真正的问题是，为什么科学只能出现在古希腊一个地方，而在其他所有民族的文化中全都没有产生科学思维？换句话说，“生而为人，我很遗憾”，作为人，科学是一场偶然，理性是一种稀缺，客观极其珍贵。即便是现代人，在十几年的基础教育中学习科学思维方式，通过各种考核和训练后长大成人，也依然难以摆脱根深蒂固的反科学思维。我们会相信彩票中很久没出现过的数字很有可能在下次出现，我们相信人群可以靠很有限的几个类型简单区分，我们深受情绪的奴役而不自知。

问题很严重，解决方案却显而易见。

一旦我们尝试着像科学家那样用逻辑关系和数据构建事实，我们就能立即洞见全新的真相。本书作者尼尔·德格拉斯·泰森从12个角度关照人的社会现实问题，涉及种族、司法、审美、战争等多个重要的话题，似乎是在我们习以为常的泥泞中伸出一只援手，往科学的大道上拉我们一把。

通过统计数据，我们发现不同团体对各种社会议题的观点并不像想象中的那么整齐，真正的素食主义者的比例一点也不高。通过科学思维，我们发现种族、肤色和性别都不是简单的、非此即彼的关系，漫长的灰色地带才是世界的本来面目。

你看，科学和科学家不会把真实的复杂世界简单化。和我们的偏见恰恰相反，我们过于简单的模型需要被科学修正得更复杂一些才配得上真实世界的样子。

作者在本书中特别喜欢做一种理科生喜欢做的计算。比如用美洲狮吃掉乱跑的鹿，就能减少因为鹿而出车祸的死亡人数，美洲狮也会吃掉人，但是车祸死亡人数大于美洲狮吃掉的人数，所以理科生会赞成放狮子咬鹿（和人）的方案。但这个方案恐怕无法执行，因为人做决策的依据不完全是科学和计算，人常常受困于自己的情感。有情感肯定是好事，有了情感,《流浪地球》里的航天员刘培强才能烧掉 MOSS，拒绝执行最佳方案，而是牺牲自己和整个空间站为人类换来一丝渺茫的生存机会。有了情感，我们这些人才可以幸福地生活在一个被无数牺牲者缔造的现代世界里。有了情感，我们才能在技术原始的时代就敢于想象飞上苍穹的未来世界，并且把想象建造成现实。理科生和文科生的组合，似乎才是更好的发展之道。

但是，作者呼唤我们继续训练的这种科学思维方式，和文科生的情感相比有一个非常独特的不同之处。生活在今天的人类，只需要经过非常简单的初等教育，认得几个字，就基本上可以理解 1000 多年前某位诗人站在长江边上的感慨。我们很容易与那位诗人产生共鸣，很容易从某件雕塑、绘画甚至书法中感受到联结的感动。我们和 1000 多年前的人类在情感方面没有太大的不同。也可以说，以1000年的尺度来看，人们的情感不会进步，我们在原地打转。

而科学思维就很不一样了，这是人类唯一可以真正做到世代累加的财富。1000多年前那位诗人感叹江水的时候，人类最快的运动方式是马车，而现在，借助空气动力学、流体力学、轨道力学的推进，我们可以在几个月的时间里抵达火星，在几年内深入太阳系边缘地带，我们可以在分子的尺度上解决遗传和疾病的问题，也可以在宇宙的尺度上理解物质的形成。在这一点上，1000多年前最智慧的诗人也无法与我们沟通。

我相信，作者并不是要扫了文科生的兴致，作者自己也支持更多元化的世界。作者真正想为我们建立的认知是，未来走向更坏还是走向更好的发展方向，取决于我们现在是否愿意珍视科学思维这种唯一产生累加效应的文化，取决于我们愿意在多大程度上接受科学思维的训练。

未来已来，赞美科学。

注释

献词

[1] Joseph P. Fried, “Cyril D. Tyson Dies at 89: Fought Poverty in a Turbulent Era,” *New York Times*, December 30, 2016.

开场　科学与社会

[1] Michael Shermer, *The Believing Brain* (New York: Times Books, 2011).

[2] A. I. Sabra, ed., *The Optics of Ibn alHaytham, Books I–III: On Direct Vision*, Arabic text, edited and with introduction, Arabic-Latin glossaries, and concordance tables (Kuwait: National Council for Culture, Arts and Letters, 1983).

[3] *The Notebooks of Leonardo da Vinci*, vol. 2, trans. John Paul Richter, chapter XIX: Philosophical Maxims. Morals. Polemics and Speculations. II. Morals; On Foolishness and Ignorance. Maxim no. 1180 (New York: Dover, 1970), 283–311.

第 1 章　真与美

[1] John Keats, “Ode on a Grecian Urn,”1819.

[2] John 14:6, King James Version.

[3] Clifford M. Yeary, "God Speaks to Us on Tops of Mountains," Catholic Diocese of Little Rock (website), April 26, 2014.

[4] Dave Roos, "Human Sacrifice: Why the Aztecs Practiced This Gory Ritual," History, October 11, 2018.

[5] Paul Simons, "The Origin of Cloud 9," *The Times* (London), September 6, 2016.

[6] *StarTalk Radio*, "Decoding Science and Politics with Bill Clinton," November 6, 2015.

[7] National Geographic Society Resource Library, "Biodiversity".

[8] Hannah Ritchie and Max Roser, "Extinctions," *Our World in Data*.

[9] Joyce Kilmer, "Trees," Oatridge.

第 2 章　探索与发现

[1] Simon Mundy, "India Critics Push Back Against Modi's Space Programme Plans," *Financial Times*, August 27, 2018.

[2] "Poverty in India: Facts and Figures on the Daily Struggle for Survival," SOS Children's Villages.

[3] T. S. Eliot, "Little Gidding," *Four Quartets*, 1942.

[4] "Columbus Reports on His First Voyage, 1493," Gilder Lehrman Institute of American History.

[5] Neil deGrasse Tyson, "Paths to Discovery," in *The Columbia History of the 20th Century*, edited by Richard Bulliet (New York: Columbia University Press, 2000), 461.

[6] Daniele Fanelli and Vincent Larivière, "Researchers' Individual Publication Rate Has Not Increased in a Century," *PLOS*

ONE 11, no. 3 (March 9, 2016).

[7] "US Patent Statistics Chart Calendar Years 1963–2020," US Patent and Trademark Office.

[8] "History of the Bicycle: A Timeline," Joukowsky Institute for Archaeology and the Ancient World, Brown University.

[9] "Italians Establish Two Flight Marks," *New York Times*, June 3, 1930.

[10] Original letter from the library of the author.

[11] Hans M. Kristensen and Matt Korda, "Status of World Nuclear Forces," Federation of American Scientists.

[12] Neel Burton, "When Homosexuality Stopped Being a Mental Disorder," *Psychology Today,* September 18, 2015.

[13] Recounted from personal communication at the Planetary Society's 25th Anniversary Gala, Los Angeles, 2005.

[14] Ecclesiastes 1:9, King James Version.

第 3 章　地球与月亮

[1] Mike Massimino, *Spaceman: An Astronaut's Unlikely Journey to Unlock the Secrets of the Universe* (New York: Crown/Archetype, 2016).

[2] Alice George, "How Apollo 8 'Saved 1968,'" *Smithsonian*, December 11, 2018, accessed July 6, 2021; Kelli Mars, ed., "Dec. 27, 1968: Apollo 8 Returns from the Moon," NASA, last updated December 27, 2019.

[3] Christine Mai-Duc, "The 1969 Santa Barbara Oil Spill That Changed Oil and Gas Exploration Forever," *Los Angeles Times*, May

20, 2015.

[4] Jerry M. Lewis and Thomas R. Hensley, "The May 4 Shootings at Kent State University: The Search for Historical Accuracy," Kent State University.

[5] "About Us: The History of Earth Day," Earth Day (website); Wikipedia.

[6] Water and Power Associates, "Smog in Early Los Angeles" .

[7] Use of Pesticides: *A Report of the President's Science Advisory Committee*, President's Science Advisory Committee, May 1963; *Restoring the Quality of Our Environment: A Report of the Environmental Pollution Panel President's Science Advisory Committee*, President's Science Advisory Committee, November 1965; *Report of the Committee on Persistent Pesticides: Division of Biology and Agriculture, National Research Council to the Agriculture Department*, National Research Council, May 1969; *Report of the Secretary's Commission on Pesticides and Their Relationship to Environmental Health*, US Department of Health, Education, and Welfare, December 1969.

[8] "Mississippi River Oil Spill (1962–63)," Wikipedia.

[9] Revelation 6:12, King James Version.

[10] Revelation 6:13, King James Version.

[11] Story recounted by Lincoln's friend Walt Whitman, and discussed by Donald W. Olson and Laurie E. Jasinski, "Abe Lincoln and the Leonids," *Sky & Telescope* (November 1999): 34–35.

[12] Carl Sagan, *Pale Blue Dot: A Vision of the Human Future in Space* (New York: Random House, 1994).

第 4 章　冲突与解决方案

[1] For an academic analysis: Eli J. Finkel et al., "Political Sectarianism in America," *Science* 370, no. 6516 (October 30, 2020): 533.

[2] See, e.g., Neil deGrasse Tyson and Avis Lang, *Accessory to War: The Unspoken Alliance Between Astrophysics and the Military* (New York: W. W. Norton, 2018).

[3] See "Did We Hit the Wrong Planet?,"*JF Ptak Science Books* (blog).

[4] See, e.g., K. Jun Tong and William von Hippel, "Sexual Selection, History, and the Evolution of Tribalism," *Psychological Inquiry* 31, no. 1 (2020): 23–25.

[5] *Final Report of the Commission on the Future of the United States Aerospace Industry*, Commission on the Future of the United States.

[6] "The Flight of Apollo-Soyuz," NASA.

[7] National Center for Health Statistics, "Percent of Babies Born to Unmarried Mothers by State," Centers for Disease Control and Prevention.

[8] "2000 Presidential Election, 270 to Win".

[9] Nathan McAlone, "A Chart Made from the Leaked Ashley Madison Data Reveals Which States in the US Like to Cheat the Most," *Insider*, August 20, 2015.

[10] More than a third of the Texas economy derives from oil revenues; see Brandon Mulder, "Fact-Check: Is the Texas Oil and Gas

Industry 35% of the State Economy?," *Austin American Statesman*.

[11] *Report of 2018 Permanent Platform & Resolutions Committee,* Republican Party of Texas.

[12] *Report of 2020 Platform & Resolutions Committee*, Republican Party of Texas.

[13] FYI: this figure has increased to 100 percent of research papers on climate change published since 2019; see James Powell, "Scientists Reach 100% Consensus on Anthropogenic Global Warming," *Bulletin of Science, Technology & Society* 37, no. 4 (November 20, 2019).

[14] Green Party, "Green New Deal".

[15] Cary Funk, Greg Smith, and David Masci, "How Many Creationists Are There in America?," *Observations* (*Scientific American* blog), February 12, 2019.

[16] Pan American Health Organization, "Measles Elimination in the Americas".

[17] "Measles Resurgence in the United States," Wikipedia.

[18] Jan Hoffman, "Faith, Freedom, Fear: Rural America's Covid Vaccine Skeptics," *New York Times,* April 30, 2021.

[19] Monmouth University Polling Institute, "Public Satisfied with Vaccine Rollout, but 1 in 4 Still Unwilling to Get It," March 8, 2021.

[20] *StarTalk Radio*, "Vaccine Science".

[21] Seth Brown, "Alex Jones's Media Empire Is a Machine Built to Sell Snake-Oil Diet Supplements," *Intelligencer*, May 4, 2017.

[22] Historical Tables, Budget of the United States Government,

Fiscal Year 2022, Table 9.8, “Composition of Outlays for the Conduct of Research and Development: 1949–2022”.

[23] National Museum of African American History and Culture, “5 Things to Know: HBCU Edition,” October 1, 2019.

[24] Charles Seguin and David Rigby, “National Crimes: A New National Data Set of Lynchings in the United States, 1883 to 1941,” *Socius: Sociological Research for a Dynamic World 5* (January 1, 2019).

[25] United States Senate, “Supreme Court Nominations (1789–Present),” United States Senate.

[26] 100 percent of counties in Massachusetts voted blue in the 2020 general election. Politico, “Massachusetts Presidential Results”.

[27] “Federal Spending by State 2022,” World Population Review.

[28] In the 2020 general election.

[29] Rob Salkowitz, “Fans Turn Up for New York Comic Con Even if Big Names Don't,” Forbes, October 9, 2021.

[30] “Convention Schedule,” FanCons.

第 5 章　风险与回报

[1] Thomas Simpson, “A Letter [...] on the Advantage of Taking the Mean of a Number of Observations, in Practical Astronomy,” *Philosophical Transactions* (1683–1775) 49 (1755–1756), 82–93.

[2] Michael Shermer, Conspiracy: *Why the Rational Believe the Irrational* (Baltimore: Johns Hopkins University Press, 2022).

[3] Stephen Skolnick, “How 4,000 Physicists Gave a Vegas Casino Its Worst Week Ever,” *Physics Buzz* (blog), September 10, 2015.

[4] Steve Beauregard, "Biggest Casino in Las Vegas & List of the Top 20 Largest Casinos in Sin City," Gamboool.

[5] Will Yakowicz, "U.S. Gambling Revenue to Break $44 Billion Record in 2021," *Forbes*, August 10, 2021.

[6] "Lotteries in the United States," Wikipedia.

[7] Investopedia, "The Lottery: Is It Ever Worth Playing?".

[8] Erin Richards, "Math Scores Stink in America. Other Countries Teach It Differently—and See Higher Achievement," *USA Today*, February 28, 2020.

[9] Neil deGrasse Tyson (@neiltyson), Twitter, February 9, 2010, 3:46 p.m.

[10] CNBC (@CNBC), Twitter, December 10, 2021, 4:03 p.m.

[11] TipRanks, "2 'Strong Buy' Stocks from a Top Wall Street Analyst," July 13, 2021.

[12] TipRanks, "Top Wall Street Analysts".

[13] Sam Ro, "The Truth About Warren Buffett's Investment Track Record," Yahoo! Finance, March 1, 2021.

[14] National Academies of Sciences, Engineering, and Medicine, *Genetically Engineered Crops: Experiences and Prospects* (Washington, DC: National Academies Press, 2016).

[15] *Food Evolution*, directed by Scott Hamilton Kennedy, narrated by Neil deGrasse Tyson (Black Valley Films, 2016).

[16] "Ben & Jerry's Statement on Glyphosate," Ben & Jerry's (website).

[17] Samuel Taylor Coleridge, *Rime of the Ancient Mariner*, part 2, stanza 9 (1817).

[18] Walter Bagehot, *Physics and Politics*, No. V: "The Age of Discussion" (Westport, CT: Greenwood Press,1872).

[19]American Cancer Society, Colorectal Cancer Risk Factors".

[20] American Cancer Society, "Key Statistics for Colorectal Cancer".

[21] Manuela Chiavarini et al., "Dietary Intake of Meat Cooking-Related Mutagens (HCAs) and Risk of Colorectal Adenoma and Cancer: A Systematic Review and Meta-Analysis," *Nutrients* 9, no. 5 (May 18, 2017): 515.

[22] Hannah Ritchie and Max Roser, "Smoking," *Our World in Data,* May 2013, revised November 2019, accessed June 30, 2021, "What Percentage of Smokers Get Lung Cancer?," Verywell Health.

[23] John Woodrow Cox and Steven Rich, "Scarred by School Shootings," *Washington Post*, updated March 25, 2018.

[24] William H. Lucy, "Mortality Risk Associated with Leaving Home: Recognizing the Relevance of the Built Environment," *American Journal of Public Health* 93, no. 9 (September 2003): 1564–69, accessed July 16, 2021; Bryan Walsh, "In Town vs. Country, It Turns Out That Cities Are the Safest Places to Live," *Time*, July 23, 2013.

[25] Sage R. Meyers et al., "Safety in Numbers: Are Major Cities the Safest Places in the United States?" *Injury Prevention* 62, no. 4 (October 1, 2013): 408–18.E3.

[26]"2019 El Paso Shooting," Wikipedia.

[27] Paulina Cachero, "US Taxpayers Have Reportedly Paid an Average of $8,000 Each and over $2 Trillion Total for the Iraq War

Alone," *Insider*, February 6, 2020.

[28] Sophie L. Gilbert et al., "Socioeconomic Benefits of Large Carnivore Recolonization Through Reduced Wildlife-Vehicle Collisions," *Conservation Letters* 10, no. 4 (July/August 2017): 431–39.

[29] Murat Karacasu and Arzu Er, "An Analysis on Distribution of Traffic Faults in Accidents, Based on Driver's Age and Gender: Eskisehir Case" *Procedia–Social and Behavioral Sciences* 20 (2011), 776–785.

[30] Neal E. Boudette, "Tesla Says Autopilot Makes Its Cars Safer; Crash Victims Say It Kills," *New York Times,* July 5, 2021.

[31] "List of Fatal Accidents and Incidents Involving Commercial Aircraft in the United States," Wikipedia.

[32] Leslie Josephs, "The Last Fatal US Airline Crash Was a Decade Ago; Here's Why Our Skies Are Safer," CNBC, February 13, 2019, updated March 8, 2019.

[33] Bureau of Transportation Statistics, United States Department of Transportation, "U.S. Air Carrier Traffic Statistics Through November 2021".

[34] Joni Mitchell, stanza from the song "Both Sides Now" (Detroit: Gandalf Publishing, 1967).

第 6 章　肉食主义者与素食主义者

[1] Paul Copan, Wes Jamison, and Walter Kaiser*, What Would Jesus Really Eat: The Biblical Case for Eating Meat* (Burlington, ON: Castle Quay Books, 2019); see also Amanda Radke, "Yes, Jesus Would

Eat Meat & You Can, Too," *Beef* magazine, June 9, 2022.

[2] "Vegetarianism by Country," Wikipedia.

[3] RJ Reinhart, "Snapshot: Few Americans Vegetarian or Vegan," Gallup, August 1, 2018.

[4] Hannah Ritchie and Max Roser, "Meat and Dairy Production," *Our World in Data*, August 2017, revised November 2019.

[5] "What Is the Age Range for Butchering Steers? I Am Trying for Prime," Beef Cattle, September 3, 2019.

[6] University of California Cooperative Extension, "Sample Costs for a Cow-Calf/Grass-Fed Beef Operation," 2004.

[7] "The Biggest CAFO in the United States," Wickersham's Conscience, March 20, 2020.

[8] South Dakota State University Extension, "How Much Meat Can You Expect from a Fed Steer?," updated August 6, 2020.

[9] Neil deGrasse Tyson, *Letters from an Astrophysicist* (New York: W. W. Norton, 2019).

[10] Genesis 1:26, King James Version.

[11] See, e.g., Ryan Patrick McLaughlin, "A Meatless Dominion: Genesis 1 and the Ideal of Vegetarianism,"*Biblical Theology Bulletin* 47, no. 3 (August 2, 2017): 144–54.

[12] Eric O'Grey, "Vegan Theology for Christians," PETA Prime, January 30, 2018.

[13] Peter Singer, *Animal Liberation* (New York: Harper Collins, 1975).

[14] PETA (website).

[15] Story recounted live on *StarTalk*, August 22, 2011.

[16] "Do Snails Have Eyes?," Facts About Snails.

[17] Rene Ebersole, "How 'Dolphin Safe' Is Canned Tuna, Really?," *National Geographic*, March 10, 2021.

[18] Animal Diversity Web, University of Michigan, Museum of Zoology, "*Mus musculus house mouse*".

[19] "Learn How Many Trees It Takes to Build a House?," Home Preservation Manual.

[20] Michael H. Ramage et al., "The Wood from the Trees: The Use of Timber in Construction," *Renewable and Sustainable Energy Reviews* 68 (February 2017): 333.

[21] Kyle Cunningham, "Landowner's Guide to Determining Weight of Standing Hardwood Trees," University of Arkansas Division of Agriculture, Cooperative Extension Service.

[22] "Maple Syrup Concentration," Synder Filtration.

[23] Britt Holewinski, "Underground Networking: The Amazing Connections Beneath Your Feet,"National Forest Foundation.

[24] Steven Spielberg, private communication, April 2004, Hayden Planetarium, New York City.

[25] Associated Press, "Lewis Throws Voice to Push for Quality TV," *Deseret News*, March 11, 1993.

[26] Mitch Zinck, "Top 10 Stocks to Invest in Lab-Grown Meat," Lab Grown Meat, June 29, 2021.

[27] Chuck Lorre, "Card #536,"Chuck Lorre Productions, Official Vanity Card Archives, September 26, 2016.

[28] Christiaan Huygens, *The Celestial Worlds Discover'd: or, Conjectures Concerning the Inhabitants, Plants and Productions of the*

Worlds in the Planets (London: Timothy Childe, 1698).

[29] Terry Bisson, *They're Made out of Meat, and 5 Other All-Talk Tales* (Amazon.com, Kindle edition, 2019).

第 7 章　性别与身份

[1] "Schrödinger's Cat," Wikipedia.

[2] "What Does LGBTQ+ Mean?,"OK2BME.

[3] First produced for Broadway in 1957.

[4] Deuteronomy 22:5, King James Version.

[5] "Trial of Joan of Arc," Wikipedia.

[6] Joan Roughgarden, *Evolution's Rainbow: Diversity, Gender, and Sexuality in Nature and People* (Berkeley: University of California Press, 2013).

[7] Anthony C. Little, Benedict C. Jones, and Lisa M. DeBruine, "Facial Attractiveness: Evolutionary Based Research," *Philosophical Transactions of the Royal Society B: Biological Sciences* 366, no. 1571 (June 12, 2011): 1638–59.

[8] American Society of Plastic Surgeons, *Plastic Surgery Statistics Report*, 2020.

[9] US Food and Drug Administration, "Fun Facts About Reindeer and Caribou," content current as of February 13, 2020.

[10] "What Are the Names of Santa's Reindeer?," Iglu Ski.

[11] Saffir-Simpson Hurricane Wind Scale, National Hurricane Center and Central Pacific Hurricane Center.

[12] Ariane Resnick, "What Do the Colors of the New Pride Flag Mean?," Verywell Mind, updated June 21, 2021.

[13] Tom Dart, "Texas Clings to Unconstitutional Homophobic Laws—and It's Not Alone,"*Guardian*, June 1, 2019.

第 8 章　颜色与种族

[1] For a full history of this period, see Dava Sobel, *The Glass Universe: How the Ladies of the Harvard Observatory Took the Measure of the Stars* (New York: Viking, 2016).

[2] Jennifer Chu, "Study: Reflecting Sunlight to Cool the Planet Will Cause Other Global Changes,"*MIT News*, June 2, 2020.

[3] Nina Jablonski and George Chaplin, "The Colours of Humanity: The Evolution of Pigmentation in the Human Lineage,"*Philosophical Transactions of the Royal Society B* 372 (May 22, 2017).

[4] Nina Jablonski and George Chaplin, "Human Skin Pigmentation as an Adaptation to UV Radiation," *Proceedings of the National Academy of Sciences* 107,Suppl. 2 (May 5, 2010).

[5] Nicholas G. Crawford et al., "Loci Associated with Skin Pigmentation Identified in African Populations,"*Science* 358, no. 6365 (October 12, 2017).

[6] Clairol, "Natural Instincts" semipermanent hair color.

[7] Benjamin Moore (website), accessed January 2, 2022.

[8] "1860 United States Census," Wikipedia.

[9] James Henry Hammond, "On the Question of Receiving Petitions on the Abolition of Slavery in the District of Columbia," Address to Congress, February 1, 1836.

[10] Theodore Roosevelt, "Lincoln and the Race Problem,"

speech to the New York Republican Club, February 13, 1905.

[11] American Museum of Natural History, “Museum Statement on Eugenics,” September 2021.

[12] “Allies Sculpture,” Atlas Obscura.

[13] American Museum of Natural History, “What Did the Artists and Planners Intend?”.

[14] In-house memo to museum staff, November 19, 2021.

[15] Meilan Solly, “DNA Pioneer James Watson Loses Honorary Titles over Racist Comments,” *Smithsonian,* January 15, 2019.

[16] “Hairy Ball Theorem,” Wikipedia.

[17] “List of Electronic Color Code Mnemonics,” Wikipedia.

[18] Francis Galton, *Hereditary Genius: An Inquiry into Its Laws and Consequences* (New York: D. Appleton, 1870), 339.

[19] Aaron O’Neill, “Black and Slave Population of the United States from 1790 to 1880,” Statista, March 19, 2021.

[20] Thomas Jefferson, *Notes on the State of Virginia* (Baltimore: W. Pechin, 1800), 151.

[21] Monticello, “The Life of Sally Hemings”.

[22] Carleton S. Coon, *The Origin of Races* (New York: Alfred A. Knopf, 1962), 656.

[23] “Men with Hairy Chest,” DC Urban Moms and Dads, December 23, 2014.

[24] Toshisada Nishida, “Chimpanzee,” *Encyclopedia Britannica.*

[25] Medline Plus, “What Does It Mean to Have Neanderthal or Denisovan DNA?”.

[26] Angela Saini, *Superior: The Return of Race Science* (Boston:

Beacon Press, 2019), 18–20.

[27] “Can African Americans Get Head Lice?,”Lice Aunties, April 14, 2021, accessed September 12, 2021; see also W. Wayne Price and Amparo Benitez, “Infestation and Epidemiology of Head Lice in Elementary Schools in Hillsborough Country, Florida,” *Florida Scientist* 52, no. 4 (1989): 278–88.

[28] Robin A. Weiss, “Apes, Lice and Prehistory,” *Journal of Biology* 8, no. 20 (2009).

[29] United States Cancer Statistics, “Cancer Statistics at a Glance,” Centers for Disease Control and Prevention, June 2021; see also: Healthline, “Yes, Black People Can Get Skin Cancer. Here’s What to Look For”.

[30] Joel M. Gelfand et al.,“The Prevalence of Psoriasis in African Americans: Results from a Population-Based Study,” *Journal of the American Academy of Dermatology* 52, no. 1 (2005): 23.

[31] Bone Health and Osteoporosis Foundation, “What Is Osteoporosis and What Causes It?”.

[32] J. F. Aloia et al., “Risk for Osteoporosis in Black Women,” *Calcified Tissue International* 59 (1996): 415–23.

[33] Sabrina Tavernise, “Rise in Suicide by Black Children Surprises Researchers,” *New York Times*, May 18, 2015.

[34] Suicide Prevention Resource Center, “Racial and Ethnic Disparities”.

[35] Many studies, for example: Jacquelyn Y. Taylor et al., “Prevalence of Eating Disorders Among Blacks in the National Survey of American Life,” *International Journal of Eating Disorders*

40 (2007 Suppl.): S10–S14; see also Ruth H. Striegel-Moore et al., “Eating Disorders in White and Black Women,” *American Journal of Psychiatry* 160 (2003): 1326–31.

[36] Keb Meh, “Mythologies of Skin Color and Race in Ethiopia,” *Japan Sociology*, December 2, 2014.

[37] Guinness World Records, “Shortest Tribe”.

[38] Guinness World Records, “Tallest Tribe”.

[39] World Population Review, “Average Height by Country”.

[40] Ben McGrath, “Did Spacemen, or People with Ramps, Build the Pyramids?,” *New Yorker*, August 23, 2021.

[41] Elon Musk is from South Africa, a place where native-born White people hardly ever refer to themselves as Africans, but of course they all are. Elon Musk (@elonmusk), Twitter, June 31, 2021, 12:14 a.m.

[42] “Neil Turok Bets the Next Einstein Will Be from Africa,” TED Prize-Winning Wishes, 2008.

[43] Neil Turok, “Africa AIMS High,” Nature 474 (2011): 567.

[44] International Chess Federation, “Top Chess Federations”.

[45] World Bank, “GDP per Capita”.

[46] International Chess Federation, “Rating Analytics: The Number of Rated Chess Players Goes Up”; see also “FIDE Titles,” Wikipedia.

[47] Molly Fosco, “The Most Successful Ethnic Group in the U.S. May Surprise You,” IMDiversity, June 7, 2018.

[48] Jill Rutter, “Back to Basics: Towards a Successful and Cost-Effective Integration Policy,” Report: Institute for Public Policy

Research, UK, March 2013; see also "GCSE English and Math's Results March 2022," Department of Education, UK.

[49] Statista, "Estimated Global Population from 10,000 BCE to 2100".

[50] Statista, "Population of the New York-Newark-Jersey City Metro Area in the United States from 2010 to 2020".

[51] Dr. Yan Wong, "Family Trees: Tracing the World's Ancestor," BBC, August 22, 2012.

[52] "Read Martin Luther King Jr.'s 'I Have a Dream' Speech in Its Entirety," NPR.

[53] Reverend Theodore Parker, "Of Justice and the Conscience," in *Ten Sermons of Religion* (Boston: Crosby, Nichols, 1853), 85; see also *All Things Considered*, "Theodore Parker and the Moral Universe," NPR, September 2, 2010.

第 9 章 法律与秩序

[1] "The Code of Hammurabi," translated by L. W. King, Avalon Project, Yale Law School.

[2] Antonio Pigafetta, "Navigation," in *Magellan's Voyage: A Narrative Account of the First Circumnavigation*, translated and edited by R. A. Skelton (1519; New York: Dover, 1969), 147.

[3] "Address to the British Association for the Advancement of Science," delivered by the president, Thomas H. Huxley (Liverpool, September 15, 1870).

[4] William Blackstone, *Commentaries on the Laws of England* (Oxford: Clarendon Press, 1765).

[5] "Magna Carta: Muse and Mentor (Trial by Jury)," Library of Congress exhibition, 2014–15.

[6] For example: Matthew J. Sharps, "Eyewitness Testimony, Eyewitness Mistakes: What We Get Wrong," *Psychology Today*, August 21, 2020.

[7] Innocence Project (website).

[8] Equal Justice Initiative, "Death Penalty".

[9] Innocence Project, "DNA Exonerations in the United States".

[10] National Research Council, Strengthening Forensic Science in the United States: *A Path Forward* (Washington, DC: National Academies Press, 2009).

[11] Alison Flood, "Alice Sebold Publisher Pulls Memoir After Overturned Rape Conviction," *Guardian, December* 1, 2021.

[12] Ann E. Carson, "Prisoners in 2020," US Department of Justice, Bureau of Justice Statistics, December 2021.

[13] Roy Walmsley and Helen Fair, "World Prison Population List," 13th Edition, December 2021; Roy Walmsley, "World Female Imprisonment List," 4th Edition, November 2017, Institute for Criminal Policy Research, UK.

[14] Medline Plus, "Y Chromosome".

[15] Starmus (website).

[16] Robert F. Graboyes, "The Rationalia Fallacy," *U.S. News & World Report*, July 18, 2016; Jeffrey Guhin, "A Rational Nation Ruled by Science Would Be a Terrible Idea," New Scientist, July 6, 2016 (first published in *Slate*); Jeffrey Guhin, "A Nation Ruled by Science Is a Terrible Idea," *Slate*, July 5, 2016; G. Shane Morris, "Neil DeGrasse

Tyson's 'Rationalia' Would Be a Terrible Country," *Federalist,* July 1, 2016; "Sorry, Neil deGrasse Tyson, Basing a Country's Governance Solely on 'The Weight of Evidence' Could Not Work," ArtsJournal, June 30, 2016.

第 10 章 身体与意识

[1] Medical News Today, "How Long You Can Live Without Water".

[2] UpToDate, "Bones of the Foot".

[3] Zhi Y. Kho and Sunil K. Lal, "The Human Gut Microbiome—A Potential Controller of Wellness and Disease," *Frontiers of Microbiology* 9 (2018).

[4] Associated Press, "Chocolate Cravings May Be a Real Gut Feeling," NBC News, October 12, 2007.

[5] "The Nobel Prize for Physics 1952," the Nobel Prize (website).

[6] K. D. Stephan, "How Ewen and Purcell Discovered the 21-cm Interstellar Hydrogen Line," *IEEE Antennas and Propagation Magazine* 41, no. 1 (February 1999).

[7] Martin Harwit, *Cosmic Discovery: The Search, Scope, and Heritage of Astronomy* (New York: Cambridge University Press, 2019).

[8] Healthline, "How Early Can You Hear Baby's Heartbeat on Ultrasound and by Ear?".

[9] Michael Lipka and Benjamin Wormald, "How Religious Is Your State?," Pew Research Center, February 29, 2016.

[10] Guttmacher Institute, "Abortion Policy in the Absence of Roe".

[11] Death Penalty Information Center, "State by State".

[12] Gallup, "Abortion Trends by Party Identification 1995—2001".

[13] Healthline, "Embryo vs Fetus: Fetal Development Week by Week, " Healthline.

[14] See, e.g., Laura Ingraham (@IngrahamAngle), Twitter, December 27, 2012, 9:47 a.m.

[15] Statista, "Number of Births in the United States from 1990 to 2019". Note further: Reported births in the US for 2019 = 3.75 million. Add 630,000 medical abortions and at least 750,000 known spontaneous abortions, and you get 5.1 million pregnancies that year.

[16] Katherine Kortsmit et al., "Abortion Surveillance—United States, 2019," *Morbidity and Mortality Weekly Report (MMWR)* 70, no. 9 (November 26, 2021): 1–29, accessed December 12, 2021.

[17] John P. Curtis, "What Are Abortion and Miscarriage?," eMedicine Health, accessed April 11, 2022.

[18] Rosemarie Garland Thomson, *Extraordinary Bodies: Figuring Physical Disability in American Culture and Literature* (New York: Columbia University Press, 1997).

[19] Unpublished letter from Helen Keller to Captain von Beck, in the private collection of the author.

[20] Matt Stutzman, interviewed for *StarTalk Sports Edition*, August 2021, accessed November 24, 2021.

[21] Jahmani Swanson, interviewed for *StarTalk Sports Edition*, December 2021, accessed January 5, 2022.

[22] "The 2010 Time 100," *Time*, 2010.

[23] Stephen Hawking, interviewed for *StarTalk*, March 14, 2018, accessed November 24, 2021.

[24] Oliver Sacks, interviewed for *StarTalk*, "Are You Out of Your Mind?," accessed November 24, 2021.

[25] Christian Jarrett, *Great Myths of the Brain* (Hoboken, NJ: Wiley-Blackwell, 2014).

[26] Daniel Graham, "You Can't Use 100% of Your Brain—and That's a Good Thing," *Psychology Today*, February 19, 2021.

[27] Nikhil Swaminathan, "Why Does the Brain Need So Much Power?," *Scientific American*, April 29, 2008.

[28] American Museum of Natural History, Brains"; see also "Brain-to-Body Mass Ratio," Wikipedia.

[29] "Genius Magpie," YouTube.

[30] Bradley Voytek, "Are There Really as Many Neurons in the Human Brain as Stars in the Milky Way?," *Brain Metrics* (blog), May 20, 2013.

[31] "Why It's Almost Impossible to Solve a Rubik's Cube in Under 3 Seconds," *Wired*.

[32] Centers for Disease Control and Prevention, "Road Traffic Injuries and Deaths—a Global Problem".

尾声　生命与死亡

[1] "Number of Births," The World Counts.

[2] Worldometer, "World Population".

[3] Max Roser, Esteban Ortiz-Ospina, and Hannah Ritchie, "Life Expectancy," *Our World in Data*, 2013, last revised October 2019.

[4] "Why Did the Dinosaurs Die Out?,"History, March 24, 2010, updated June 7, 2019.

[5] Hannah Hickey, "What Caused Earth's Biggest Mass Extinction?," *Stanford Earth Matters*, December 6, 2018.

[6] "The Holocene Epoch," UC Museum of Paleontology, Berkeley; see also Gerardo Ceballos, Paul R. Ehrlich, and Peter H. Raven, "Vertebrates on the Brink as Indicators of Biological Annihilation and the Sixth Mass Extinction," *Proceedings of the National Academy of Sciences* 117, no. 24 (June 1, 2020): 13596; Daisy Hernandez, "The Earth's Sixth Mass Extinction Is Accelerating," *Popular Mechanics*, June 3, 2020.

[7] "Roundtable: A Modern Mass Extinction?," *Evolution*.

[8] W. Kip Viscusi, "The Value of Life in Legal Contexts: Survey and Critique" (originally published in *American Law and Economics Review* 2, no. 1 [Spring 2000]: 195–222).

[9] Sarah Gonzalez, "How Government Agencies Determine the Dollar Value of Human Life,"NPR, April 23, 2020.

[10] Elyssa Kirkham, "A Breakdown of the Cost of Raising a Child," Plutus Foundation, February 2, 2021.

[11] US Wings, "Vietnam War Facts, Stats and Myths"; see also National Archives, "Vietnam War U.S. Military Fatal Casualty Statistics".

[12] World Health Organization, "Malaria," December 6, 2021.

[13] See Andrew Roberts's response, Quora.

[14] A concept articulately conveyed in Richard Dawkins, *Unweaving the Rainbow: Science, Delusion and the Appetite for Wonder* (New York: Houghton Mif8 in, 1998).

[15] Horace Mann, commencement address at Antioch College, Yellow Springs, Ohio, 1859.